中国核能未来

张　明　李林蔚　姜　衡　等　编著

中国原子能出版社

图书在版编目（CIP）数据

中国核能未来 / 张明等编著. -- 北京 ：中国原子能出版社，2024. 12. -- ISBN 978-7-5221-3969-2

Ⅰ. F426.23

中国国家版本馆 CIP 数据核字第2024B554Y1号

内容简介

核能是国家高科技战略产业，核能“三步走”（热堆—快堆—聚变堆）战略是我国核能发展的国家战略。40 多年来，我国坚持全面布局、有序衔接、应用导向、自主安全推进核能“三步走”发展，形成了雄厚工业基础与科研条件。随着快堆、聚变技术不断进步，以及我国核能大规模发展需求，快堆产业化、聚变技术工程化正提上日程。本书立足中国核能未来，分析了全球及中国的核能发展历程与现状，研究了热堆、快堆、聚变堆发展有关问题，提出了中长期发展战略思考，以为政府决策及核能开发利用从业者提供参考。

中国核能未来

出版发行 中国原子能出版社（北京市海淀区阜成路 43 号　100048）
责任编辑 韩　霞
装帧设计 侯怡璇
责任校对 刘　铭
责任印制 赵　明
印　　刷 北京中科印刷有限公司
经　　销 全国新华书店
开　　本 787 mm×1092 mm　1/16
印　　张 11　　**字　　数** 170 千字
版　　次 2024 年 12 月第 1 版　2024 年 12 月第 1 次印刷
书　　号 ISBN 978-7-5221-3969-2　　**定　　价** **76.00 元**

编 写 组

张　明　李林蔚　姜　衡
朱　博　崔增琪　钱　坤
陈　定　葛维维　宿吉强
孔祥银　陈　超　孙小凯
王娅琦　刘　达　金涛涛
苗　鑫　田镇瑜

前言

PREFACE

核能因其清洁低碳、安全可靠、经济高效等优势，历来受能源界青睐。早在1954年苏联在奥布宁斯克建成世界第一座核电站，1956年英国建成卡德霍尔核电站，1957年美国建成希平港原型核电站，1961年德国建成卡尔核电站，1962年法国建成石墨气冷堆核电站，1962年加拿大建成重水堆核电站，许多西方国家在20世纪五六十年代步入了核电时代。1991年12月，第一座由我国自主设计、自主建造的原型核电厂秦山一期核电站并网发电，实现了我国核电零突破。

1983年1月12—18日，原国家计委、国家科委组织召开了“核能发展技术政策论证会”（即回龙观会议），70多家单位的108位专家和领导参会，经过对我国核电发展、国内外铀资源情况、国内后处理技术发展水平及后处理的安全性、经济性等多方面的充分论证，制定《核能发展技术政策要点》（简称《要点》），《要点》分别对热堆、快堆、聚变堆的技术发展政策作了规定，提出“根据我国核工业技术发展现状和经济合理的原则，我国第一代核电站堆型主要采用压水堆，开展快中子增殖堆研究，作好技术储备，以适应核能进一步发展需求。快中子增殖堆可提高铀资源利用率40~60倍，为充分利用铀资源，应适当安排快中子增殖堆科研，争取20世纪90年代后期建造一座小型快中子试验堆，为21世纪建设商用快堆作好技术准备。能源发展的长远方向是可控核聚变反应堆的利用。”

回龙观会议后不久，1986年中共中央、国务院批准了《高技术研究发展计划（八六三计划）纲要》（中央24号文），八六三计划开始实施。根据《八六三计划能源技术领域研究工作进展》记载：“按照中央24号文的精神，先进核反应堆技术研发的任务是：面向21世纪核能发展，从快中子增殖堆、高温气冷堆以及聚变-裂变混合堆3种堆型中，研究开发一种能大幅度提高核燃料利用率，安全性与经济性好的堆型。‘七五’期间，八六三计划能源技术领域专家委员会组织了包括核能等部门的专家进行深入的调查研究和论证，共召开各种论证会20多次，参加者达500余人次，形成200多万字的论证报告，对3种先进堆的战略地位作出了较客观的、科学的评价。在此基础上，专家委员会认为：考虑到我国核能未来的发展，快中子增殖堆、高温气冷堆和聚变-裂变混合堆，这3种堆各有特点，在我国未来核能发展体系中都占有相应的地位，将起不同作用。快中子堆是我国可较早成为实用的增殖堆，可大幅度提高核燃料的利用率，这对充分有效利用我国核资源有重大意义。高温气冷堆具有良好的固有安全性，在高温核热的应用方面有独特作用，例如，利用‘核能-煤转化’技术可补充我国液态燃料的不足。聚变-裂变混合堆虽然技术难度大，但是有比快中子堆更高的核燃料增殖能力，可为我国21世纪核能的更大发展提供燃料，同时也将促进我国的核聚变研究。专家委员会提出建议：在2000年前，3种堆型应‘有主有从，协调发展’，即以快中子增殖堆为主，高温气冷堆和聚变-裂变混合堆为辅来安排计划，为21世纪我国核能的进一步发展提供技术基础和人才。

1991年9月，原国家科委、原国家教委、原机电部、中国科学院和原中国核工业总公司联合向国务院呈报了《关于八六三计划能源领域2000年发展目标的请示》，国务院以国办通〔1992〕5号文批准了八六三计划‘先进核反应堆技术’2000年的计划安排。因此，先进核反应堆技术包括快中子增殖堆、高温气冷堆和聚变-裂变混合堆技术，其目的是大幅度提高核燃料的利用率，拓宽核能的应用领域，跟踪国际核聚变技术的发展等。”

40多年来，我国坚持全面布局、有序衔接、应用导向、自主安全推进核能“三步走”发展，形成了雄厚工业基础与科研条件。热堆实现了技术自主第二代向第三代升级，实现了自主化、型谱化、批量化发展。快堆形成了完备的技术体系，建成了实验快堆，实现了示范快堆工程化，部署了一体化快堆、铅基快堆、MOX燃料、金属燃料、水法后处理、干法后处理等重大科技项目。参与 ITER 国际计划，建设中国环流二号、中国环流三号、EAST、CRAFT 等聚变大科学装置，聚变技术不断取得新进展。

随着快堆、聚变技术不断进步，以及我国核能大规模发展需求，快堆产业化、聚变技术工程化正提上日程。新形势下应对热堆、快堆、聚变堆的定位与发展作研判与展望。

一是热堆（压水堆为主）仍是未来较长一段时间核能发展的主力堆型

热堆是技术成熟并具有经济性的核电堆型。热堆技术应用已达 70 年历史，在此期间，热堆的技术成熟度、经济性、安全性不断提升，积累了大量的经验，一直是全球核电在运在建的主要堆型。根据国际原子能机构（IAEA）统计结果，截至 2023 年年底，全球在运核电机组中有 97.6%为热堆，热堆发电量在全球电力供应中占比达到 10%。

热堆是近中期新建核电工程的主力堆型。从全球看，美欧国家在 20 世纪七八十年代大力开发全球铀资源，掌控了全球大量优质资源，可支撑本国相当数量热堆长期运行使用，预计在 2050 年前仍将以热堆为主力建设堆型。从中国能源安全与减碳现实需求以及先进快堆核能系统技术成熟度看，若核电保持电功率 1000 万千瓦/年的建设节奏，2040 年前仍会以热堆为主力建设堆型，届时热堆核电的装机规模将达到约 2 亿 kWe。

热堆为百年尺度能源。热堆利用的是铀-235，其在天然铀中占比不足 1%，因此，热堆对铀资源的利用率较低。《2022 年铀：资源、生产和需求》（简称《铀资源红皮书》）显示，全球已探明可回收铀资源（开采成本低于 260 美元/kgU）总量约为792 万 t，可供当前全球核电机组使用约 130 年。

二是快堆（钠冷快堆为主）是支撑核能可大规模发展的优选项

快堆核能系统是富有潜力的核能技术，是核能大规模发展的关键。快堆核能系统具有燃料增殖、高放废物嬗变、固有安全高等优势，可实现铀资源利用的最大化和放射性废物的最小化，是综合考虑技术可行性、先进性、可持续性等因素的优选路径。

快堆有望成为中期核电建设的主力堆型。从全球需求及相关机构预测、技术成熟度看，2050 年左右或将迎来快堆核能系统规模化发展。从我国国情实际看，确保核燃料的安全可靠供应，大力发展低碳能源助力“双碳”目标的实现，2040年前后快堆应具备产业化条件。理论上，快堆不再消耗天然铀资源，通过金属燃料或氮化物、碳化物燃料多次循环，依靠自持循环解决资源保障问题，实现核能安全可持续发展。

快堆与热堆优势互补。快堆可利用铀-238，其在天然铀中占比99.3%，大量铀-238以贫铀的形式存在，铀-238也是热堆氧化铀乏燃料后处理获得的主要产物。此外，快堆也可燃烧超铀元素，经过多次循环，理论上可提升铀资源利用率数十倍，大幅减少长寿命核素与放射性废物。

三是聚变堆（可控磁约束托卡马克为主）是解决人类终极能源的可行方案之一

可控核聚变技术仍处于科学技术攻关阶段，属未来的颠覆性核能技术，仍面临着氘氚燃烧等离子体、耐辐照材料、氚自持等关键技术难题，这对人类科技发展及工业水平提出了更高挑战。聚变若能实现商业化，将对人类能源供应带来革命性变化。

聚变堆有望成为远期建设的主力堆型。聚变能以其资源丰富、环境友好、固有安全的优势，被认为是人类社会未来的理想能源。基于当前技术工业水平，聚变堆工程化技术仍存诸多挑战，商业应用可能在21世纪中期。

聚变堆所用资源十分丰富。通过裂变堆解决氚初装料后，聚变堆理论上可实现氚增殖自持，无需额外加氚。理论上，聚变能为万年尺度能源。

四是热堆—快堆—聚变堆三者技术关联、物料衔接

核能“三步走”发展的核心目的是解决核燃料持续供应问题，各步优势互补、互为支撑、衔接共存。

从物料衔接看，热堆乏燃料后处理产生的钚可为快堆提供装料，热堆产氚可提供聚变堆初装料，快堆产生的增殖钚也可为热堆提供燃料。

从工程化看，我国热堆实现了第二代向第三代升级换代，实现了批量化发展，建成实验快堆、示范快堆，建成中国环流二号、中国环流三号、EAST等科学装置，形成的研发体系、工程体系、装备体系、人才队伍等为快堆商业化、聚变堆工程化奠定良好的基础。

从功能优势看，热堆技术成熟、经济性好，具备大规模发展条件，但面临低成本铀资源难获取、大量乏燃料贮存管理安全的压力等挑战。快堆能增殖核燃料，充分利用铀资源，经过多次循环，理论上铀资源利用率可以提高40倍以上；也能嬗变长寿命高放核素，缓解乏燃料安全管理压力。热堆、快堆功能互补，互为支撑，长期共存。

从时间尺度看，热堆为百年尺度能源，快堆为千年尺度能源，聚变堆为万年尺度能源，三者搭接共存，支撑中国核能大规模发展。

编写组

2024年6月

目录
CONTENTS

第一章　核能发展现状与形势　/　1

第一节　全球核能发展现状 …… 3
第二节　中国核能发展现状 …… 7
第三节　中国核能发展面临的形势 …… 10

第二章　热堆发展研究　/　15

第一节　优势与劣势 …… 17
第二节　主要核能国家热堆发展历史与现状 …… 18
第三节　重点机型技术特征 …… 26
第四节　发展前景 …… 35
第五节　铀资源保供问题 …… 37
第六节　滨河（湖）核电发展问题 …… 40

第三章　快堆发展研究　/　45

第一节　优势与劣势 …… 47
第二节　主要核能国家快堆发展历史与现状 …… 48
第三节　主要堆型 …… 58
第四节　重点机型技术特征 …… 59

第四章　闭式燃料循环发展研究　/　67

第一节　国际发展 …… 69
第二节　国际启示 …… 87

第三节　我国实施闭式燃料循环的必要性 …………………… 89
第四节　核燃料循环的路线比较 ……………………………… 92
第五节　堆后铀利用问题 ……………………………………… 97
第六节　我国建立核电厂乏燃料处理处置基金的历史溯源………… 106
第七节　核电厂乏燃料后处理价值探索……………………… 110

第五章　聚变堆发展研究　/　115

第一节　优势与劣势…………………………………………… 117
第二节　主要核聚变国家研发进展…………………………… 118
第三节　典型科研装置技术特征……………………………… 124
第四节　工程化问题…………………………………………… 146
第五节　首炉氚来源问题……………………………………… 149

第六章　中长期发展战略研究　/　153

第一节　技术政策研究………………………………………… 155
第二节　型号发展建设时序探讨……………………………… 155
第三节　深度挖掘热堆潜力…………………………………… 157
第四节　加快快堆核能系统工程化…………………………… 158
第五节　积极开发利用聚变能………………………………… 159

参考文献　/　161

缩略词　/　162

后记　/　164

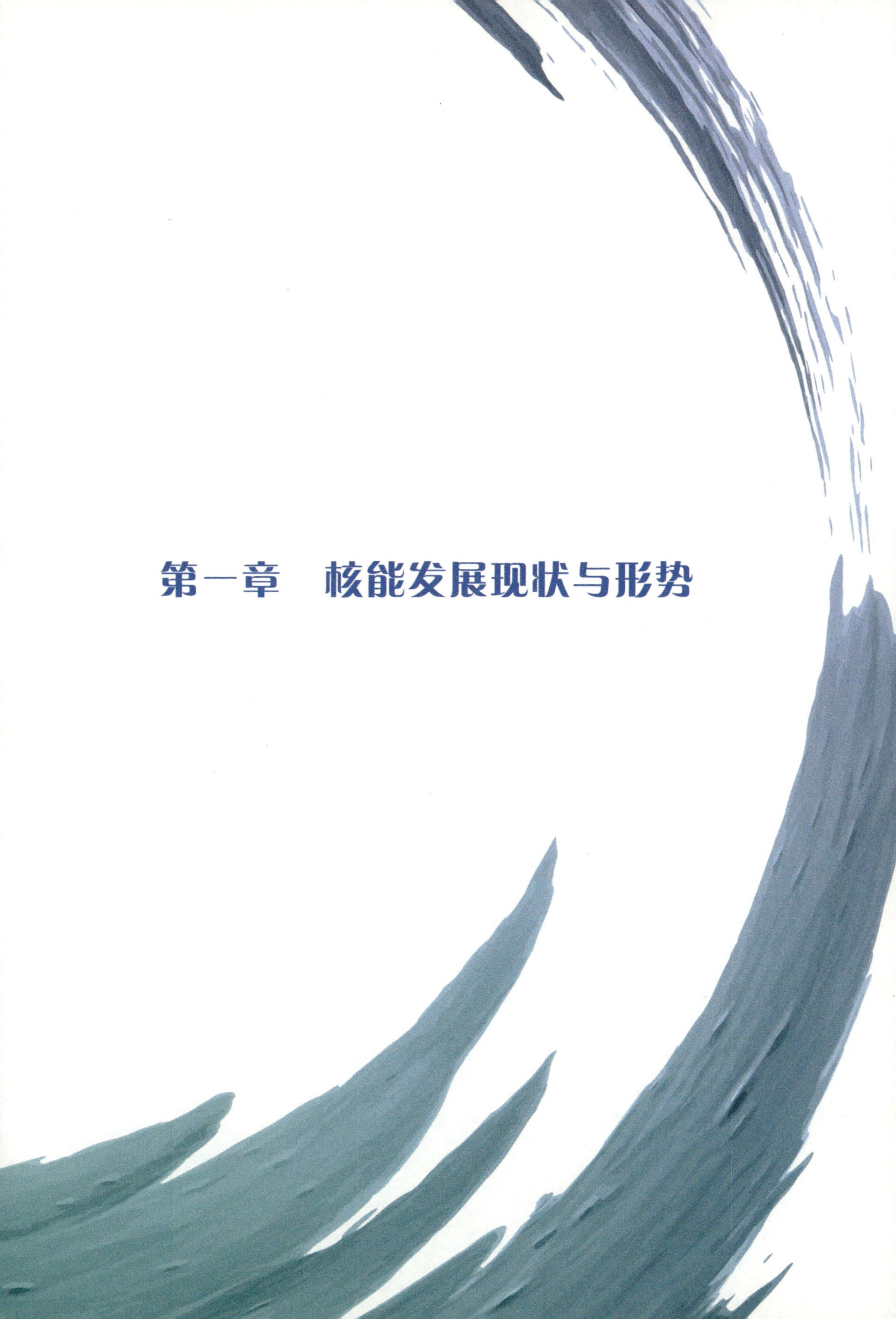

第一章　核能发展现状与形势

第一节　全球核能发展现状

根据《中国核能发展报告（2024）》的数据，截至2023年年底，全球32个国家/地区在运核电机组共有439台，总装机容量39 539万kWe；在建机组64台，总装机容量6771万kWe；永久关闭机组10台。2023年，全球核能发电量2.6万亿kW·h，约占全球总发电量的10%，约占清洁能源发电量的30%以上。在运机组数量位居前列的国家依次是美、法、中、俄、日、韩、印。

一、美国

美国是世界上在运核电机组规模最大的国家。截至2023年年底，在运核电机组94台，总装机容量9695万kWe，占全球总装机容量的近25%。2022年核能发电量8040亿kW·h，约占全国总发电量的19.7%，占美国清洁能源发电量的50%以上，核能是美国最大的清洁能源。

为保持在大国竞争中的战略优势，美国积极振兴和壮大核能工业，多举措推动先进核能技术发展。2021年1月，美能源部发布《战略愿景》，提出包括改造在运反应堆、部署先进反应堆、保持核能全球领导地位等五项目标。2021年11月，美国通过《两党基础设施投资与就业法》，为在运核电机组持续安全运行、先进反应堆技术的研发示范、核能制氢示范项目论证、矿区清洁能源示范项目探索等提供财政或技术援助。

在运反应堆。实施在运轻水堆改造计划，重点开发先进数字技术、优化安全裕量等，进行在运反应堆延寿，同步增强其经济性、安全性、可靠性。2021年，核管会批准2台机组二次延寿至80年。截至2023年底，还有9台机组正在申请延寿。

先进反应堆。近年，能源部实施先进反应堆示范、先进反应堆技术研发等计划，从示范工程、技术预研、概念探索3个层面支持多种先进堆型研发。2021年，首座6模块的纽斯凯尔小堆核电厂已完成选址，Xe-100高温气冷示范堆、Natrium钠冷示范快堆选址工作已于2021年完成，预计2028年建成示范工程运行。此外，能源部还在推进氯化物熔盐快堆等新型堆型的研发示范。

先进核燃料。实施先进燃料研发计划，重点开发耐事故燃料、三层各向同性碳包覆燃料（TRISO）等。2021年，西屋公司的Encore耐事故燃料棒正在进行为期一年的辐照后检测；X Energy公司计划2025年建成第一座商用TRISO燃料设施；超安核技术公司首次生产的全陶瓷微封装燃料（下一代TRISO燃料）正入堆考验。

国际合作。西屋公司与乌克兰公司签署协议，在乌建设4台AP1000机组；与波兰公司签署谅解备忘录，在波兰建设6台AP1000机组；与捷克公司签署谅解备忘录，在捷克建造1台AP1000机组。纽斯凯尔电力公司与乌克兰、波兰、保加利亚等国家的公司签署谅解备忘录，开展在这些国家建设纽斯凯尔小堆的可行性研究；与罗马尼亚国家核电公司签署协议，计划2028年前在罗马尼亚建造纽斯凯尔小堆核电厂。目前，美国持有海外订单31台。

二、俄罗斯

截至2023年底，俄罗斯在运核电机组37台，总装机容量2765万kWe；在建机组3台，总装机容量281万kWe。2021年核能发电量2230亿kW·h，约占全国总发电量的19%。

俄罗斯始终坚持先进核能技术研发。2021年，俄罗斯通过新版规划文件《发展核能利用领域的科学、技术与工艺》，构建核能未来发展的全景蓝图。根据最新批准的升级版《至2035年直至2040年电力设施建设总体安排》，2035年前将建成16台核电机组。此外，俄罗斯还将建造5座浮动核电厂。

目前，俄罗斯正在现有热堆闭式燃料循环基础上，全面构建热堆闭式燃料循环+快堆闭式燃料循环的二元核能体系，力争实现核能可持续发展。在反应堆方面，2021 年，第四台 VVER-1200 核电机组投运；多年筹备的铅冷快堆正式开工建造；首个陆上小堆核电厂（RITM-200N）获批建造许可，预计 2024 年开工、2028 年投运；BN-1200 反应堆预计 2025 年启动建造；世界最大的快中子研究堆 MBIR 预计 2026 年完工；SHELF-M 微堆计划将在 2029 年投入运行。在燃料循环方面，2021 年，压水堆铀钚混合氧化物燃料形成生产能力且先导燃料组件入堆；铅冷快堆铀钚氮化物燃料设计完成；耐事故燃料第三轮入堆辐照完成。2023 年 12 月，俄罗斯 3 个含次锕系元素的混合氧化物（MOX）燃料组件完成验收测试，将接受为期一年半的辐照测试。

俄罗斯是目前世界上核能出口最强劲的国家之一。俄罗斯在 12 个国家拥有 35 台在建核电机组，占全球在建核电的 60% 以上。目前，俄罗斯持有海外订单核电 34 台。

三、法国

法国是世界上核能发电量占比最高的国家，是第二大核电国家。截至 2023 年底，在运核电机组 56 台，总装机容量 6137 万 kWe；在建机组 1 台，总装机容量 163 万 kWe。2022 年核能发电量 2950 亿 kW · h，约占全国总发电量的 62%。

2015 年法国《绿色增长能源转型法》提出 2025 年前将核电占比降低至 50%。2019 年《能源气候法》将这一目标推迟到 2035 年。为了保障能源供应安全和气候目标的实现，2022 年 2 月，马克龙提出新建核电厂的计划，拟 2028 年开始新建 6 台 EPR2 机组，2035 年前首台机组投运，之后再建 8 台，2050 年新增装机容量达 2500 万 kWe，还要求研究核电机组延寿至 50 年以上。2021 年 10 月发布的《法国 2030》投资计划明确提出 2030 年前建成首座小堆，并大规模利用核能制氢。2024 年 11 月，法国政府公布新版《国家低碳战略》和《多年期能源规划》草案，强调在保持现有核电机组运行的同时推进新机组建设，计划到 2030 年将核能发电量提升至每年 3600 亿~

4000 亿 kW・h，推进 6 座 EPR2 反应堆建设，研究再建设 1300 万 kWe 核电装机容量（相当于 8 座 EPR2 反应堆）可行性等。

2021 年，法国核安全局批准 900 MWe 系列机组的延寿许可；结构更简化、造价更低的全数字化 EPR2 反应堆仍在设计中；正在开发设计 NUWARD 小堆；首个完整的耐事故燃料组件已交付美国。此外，法马通与美企业签署合同，将向美沸水堆机组提供耐事故原型燃料棒。法国核安全局于 2023 年 6 月通过决议，准许特里卡斯坦核电厂 1 号机组通过第四次定期安全审查，获准继续运行十年。

四、日本

截至 2023 年底，日本在运核电机组 33 台，总装机容量 3168 万 kWe，其中，只有 10 台机组获准在福岛核事故停运后重新启动。在建核电机组 2 台，总装机容量 265 万 kWe。2021 年核能发电量 708 亿 kW・h，约占全国总发电量的 7%。

正走出福岛核事故影响，仍计划利用核能。虽然受到福岛核事故的重创，但出于保障能源安全和减排目标的考虑，日本并没有放弃核能，仍在推动核能重启。2021 年 10 月，日本批准新《战略能源计划》，提出 2030 年核能发电量占比达 20% 至 22%。在确保现有核电机组安全运行的同时，支持小堆研发与核能综合利用。近期，日本原子能研究开发机构、三菱重工等两家公司与美国泰拉能源签署快堆技术开发合作备忘录。

大力推进先进反应堆研发。2023 年 7 月，日本政府选择三菱重工作为牵头开展高温气冷堆和钠冷快堆研发，目标是在 21 世纪 30 年代建成高温气冷示范堆，21 世纪 40 年代建设钠冷示范快堆。

五、韩国

截至 2023 年底，韩国在运核电机组 26 台，总装机容量 2583 万 kWe，在建核电机组 4 台，总装机容量 268 万 kWe。2022 年核能发电量 1760 亿 kW・h，约占全国总发电量的 28%。

大力发展核电并提高核电的发电比例。根据韩国产业通商资源部 2023 年 1 月发布的第 10 份《长期电力供需基本计划（2022—2036 年）》，核能发电量在韩国总发电量所占份额将从 2021 年的 27.4%增至 2030 年的 32.4%，到 2036 年进一步增至 34.6%，成为韩国最大的电力来源。

六、印度

截至 2023 年底，印度在运核电机组 23 台，总装机容量 689 万 kW；在建核电机组 8 台，总装机容量 603 万 kW。2022 年核能发电量 471 亿 kW·h，约占全国总发电量的 3.3%。

实施核电扩大计划。2023 年 4 月，印度宣布计划到 2031 年核电装机容量将从目前 679.5 万 kW 增至 2248 万 kW，到 2047 年，核能发电量将占印度总发电量的近 9%（2022 年为 3.1%）。印度的原型快堆正处于综合调试阶段，预计 2022 年 10 月建成。印度巴巴原子研究中心正在建设的快堆燃料循环设施已完成 32%，预计 2027 年 12 月建成。

第二节　中国核能发展现状

截至 2023 年底，我国[①]商运核电机组数量达到 55 台，额定装机容量达到 5 703.13 万 kW，位列全球第三；在建核电机组 26 台，总装机容量 3030 万 kW，在建机组数量和装机容量均继续保持世界第一。

我国核电运行机组安全业绩保持良好，核电设备利用小时数继续保持高位，核能综合利用的场景不断拓展，核能助力实现“双碳”目标作用不断凸显。产业链供应链能力持续提升，核燃料循环产业及核电设备供应体系不断完善。

1994—2023 年累计投入商运的核电机组数量及装机容量见图 1-1。

① 本书所指我国均指我国内地地区不包含香港、澳门和台湾地区。

图 1-1　1994—2023 年我国累计商运核电机组数量及装机容量

一、核能发电量持续增长

2023 年，我国运行核电机组累计发电量为 4 333.71 亿 kW·h，仅次于美国，位居全球第二，与 2022 年同期相比提升了 3.98%；累计上网电量为 4 067.09亿 kW·h，比 2022 年同期提升了 4.05%。我国历年核能发电量和累计发电量情况见图 1-2。

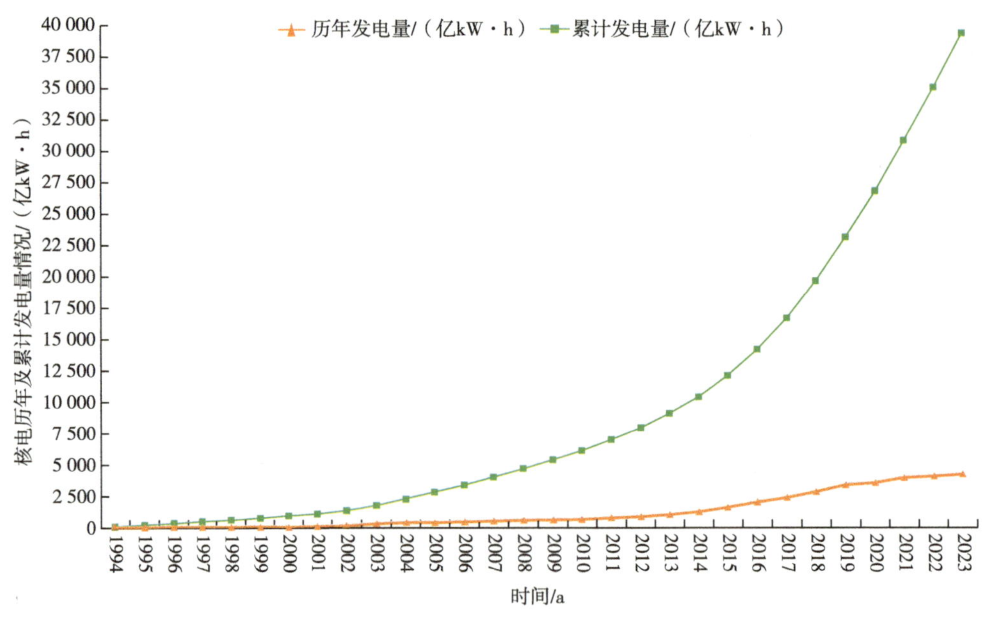

图 1-2　我国核电机组历年发电量与累计发电量情况

自 2014—2023 年，我国核能发电量与上网电量均逐年提升，具体情况见图 1-3。

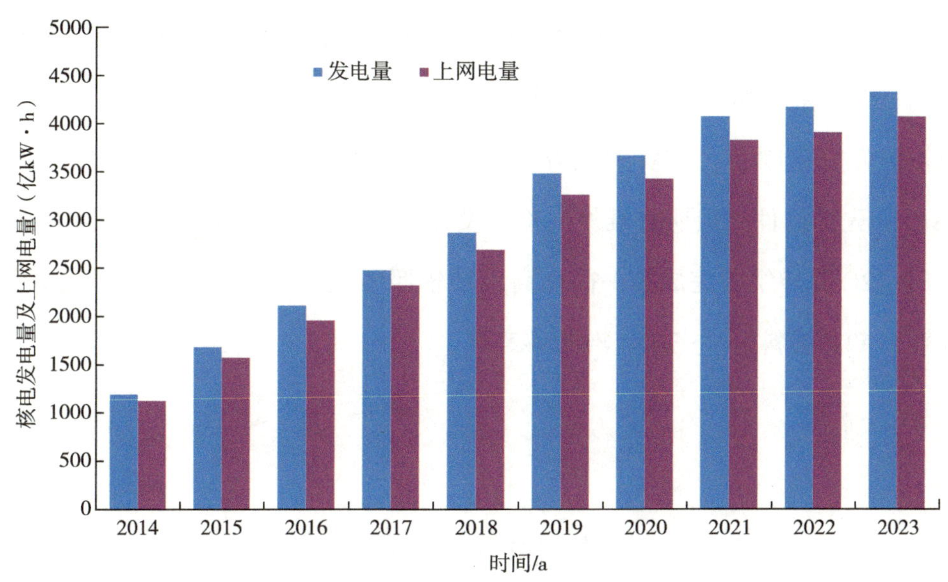

图 1-3 近十年我国核能发电量与上网电量

与此同时，核能多用途利用场景不断拓展，持续助力国民经济社会低碳转型。在核电厂供暖方面，我国山东海阳、浙江秦山、辽宁红沿河核电供暖示范项目投产，2023—2024 供暖季供热面积达到 1300 万 m^2 以上。“暖核一号”三期核能供热项目实现全国首次跨地级市核能供热。在工业供汽方面，不同类型的核反应堆设计参数范围可覆盖石化行业及加工制造业所需的各蒸汽参数等级，江苏田湾、浙江三门核电厂核能工业供汽改造正在有序推进，中核苏能江苏徐圩核能供热项目已获核准。

二、先进反应堆持续升级优化

具备第四代技术特征的高温气冷堆示范核电厂正式投产运行。钠冷快堆核能系统工程化扎实推进，完成堆芯概念设计评审和工程项目概念设计，并积极推进一体化快堆核能系统研发进展。

三、先进核燃料循环能力持续提升

核燃料进入自主化、系列化、型谱化的快速发展阶段，CF 系列、STEP 系列、SAF 系列燃料组件均取得重大进展。CF2、CF3 实现入堆应用，CF4 模拟组件完成制备，首次实现堆内高温高压环境运行的水力学特性试验；SAF-14 先导组件完成所有堆外试验和设计分析，先导棒正式入商用堆考验；STEP-12C 先导组件完成第一循环商用堆辐照考验，池边检查结果符合设计预期；ATF 燃料组件完成首堆循环考验。

第三节　中国核能发展面临的形势

一、全球核能发展预期快速升温

核能作为稳定可靠的低碳能源，已成为世界公认的应对能源安全保障和全球气候变化不可或缺的能源选择。世界各国核能发展呈现积极态势，美西方国家正积极制定相关政策和计划。国际原子能机构连续 3 年上调了全球核电发展预测。在首届全球核能峰会上，32 个国家签署《核能宣言》，承诺充分发挥核能潜力。在第 28 届联合国气候大会上，22 个国家发起《核能三倍宣言》，拟推进实现到 2050 年全球核电装机容量较 2020 年增加两倍的目标。世界核能大国在核能清洁制氢等核能综合利用领域取得积极进展。美国 2023 年发布《商业腾飞计划——先进核能》，提出“2050 年前美国新增核电装机 2 亿千瓦”的宏伟目标，实施“两代五型”战略，即“第三代+、第四代”两代，“AP1000（大型轻水堆）、VOYGR（模块化小型轻水堆）、Xe-100（高温气冷堆）、Natrium/MCFR（钠冷快堆/熔盐堆）、贝利计划微堆”5种堆型，加快核电布局发展。法国宣布将在2050年前分两期建设多达14台EPR2机组。与此同时，我国正全面实施“积极安全有序发展核电”的方针，连续3年每年核准10台及以上核电机组，我国在运、在建、核准待建核电装机规模已成为世界第一。

二、主要核能大国均遵循核能“三步走”的核科技发展规律与创新布局

俄罗斯、美国、法国、韩国等核电国家尽管核能发展采用的技术路线有所差别，但是在战略上都是率先实现热堆的大规模应用，积极研发或部署商用快堆，支持聚变能发展。

俄罗斯坚持短期内优化VVER技术，中期内实现基于快堆的先进核燃料循环系统，长期内掌握核聚变技术的战略。2009年，俄罗斯政府确定了核工业的3个优先事项：在未来两三年内提高轻水反应堆的性能；在中期发展基于快堆部署的闭式燃料循环；长期发展核聚变。

美国是全世界最早利用核能的国家。当前，美国核电运行的机组数、装机容量和发电量都位列全球首位。美国核能发展战略是：热堆具有较强的经济竞争力，推动其规模发展；研发快堆技术，确保全球领先地位；将核聚变技术作为未来能源，加快科学技术研发进程。

法国是全球核能发电占比最高的国家。短期内以EPR系列作为主力机型，推进法国国内及全球市场开发；坚持闭式燃料循环，中期部署先进的快堆及后处理再循环技术；长远实现核聚变能利用。

三、中国能源电力需求持续增长

根据《世界能源统计年鉴（2023）》，2022 年我国总用电量约为 OECD 国家总和的 68%，人均电量约为 OECD 国家的 66%，对标看，我国电量需求增长空间较大；结合我国经济社会发展、产业转型升级、新型城镇化、电气化水平提升等综合研判，预计未来 10 年年均用电增量约为 4000 亿 kW · h，2035 年、2060 年全社会用电量将分别达到 13.1 万亿 kW · h 和 15.9 万亿 kW · h 左右，未来电力需求空间逐步加大。

我国逐步推进新型能源体系建设，核电作为全天候能源，能量密度大，运行稳定、可靠、换料周期长，不受静稳天气、极端天气、昼夜变化等因素影响，是未来一段时间内可大规模替补化石能源的基荷电源，是建设新型能源体系的重要支撑，在保障国家能源安全、应对气候变化、推动能源高质量方面大有可为。

四、中国“双碳”战略推动建设清洁低碳、安全高效的现代能源体系

我国政府已经向世界郑重承诺，力争 2030 年前二氧化碳排放达到峰值，努力争取到 2060 年前实现碳中和。从总量上看，2004 年以来，我国碳排放量长期居世界首位，据统计，2021 年我国温室气体总排放量超过 119 亿 t，占全球总量的 33%，超过美国、欧盟以及日本之和。2030 年实现碳达峰之前，碳排放量还将有一定增长，到 2060 年碳中和时，需减排二氧化碳 100 亿 t 以上，减排压力巨大。核能生产过程中几乎不产生碳排放。据测算，一台百万千瓦级核电机组全生命周期温室气体排放量为 11.9 g CO_2 eq/（kW · h），低于光伏发电，与风电相当；年度发电量接近 80 亿 kW · h，与燃煤发电相比，相当于减少二氧化碳排放 640 万 t，相当于植树造林 1.8 万 hm^2，同时

还减排二氧化硫等其他大气污染物，清洁低碳的优势十分明显。

为应对更多电力需求和更低碳排放的双重挑战，以核电的稳定供应能力为基础支撑，通过与风光等可再生能源互为补充、协同发展，实现非化石能源的多元均衡发展。到 2060 年，我国核电装机规模应达到 4 亿 kWe 左右，核电在我国电力供应中比例达到 18%~20%，达到 OECD 国家平均水平，在新型能源体系中的地位和作用更加显著。

第二章　热堆发展研究

第一节　优势与劣势

一、优势

一是反应堆工程设计技术成熟。热堆技术经过多年发展，技术成熟度高，可靠性高。在系统设计方面，各系统与部件的配合更加协调；在建造方面，建设工艺更加成熟，建设质量更有保障；在运营方面，全球积累超过1.8万堆·年的运行经验，热堆核能系统能够从容应对各类风险。

二是成本较低。在成本方面展现了突出的优势，成熟的技术使得施工过程更加顺利；更具规模化的设备、部件生产，使得材料成本更低；体系化的人员培训，在提升运营维护效率的同时，降低了人员成本；相较煤电、气电等化石能源，核燃料成本也更低。

三是安全性高。热堆在设计上充分考虑了各类安全风险，一方面，负反馈机制为热堆提供了根本的临界安全保障；另一方面，纵深防御的安全理念使得当前热堆核能系统设计有多层次的事故预防与环节措施，大大降低了大规模放射性释放风险。此外，在多年运行经验带来的经验反馈的优化下，热堆核能系统的安全性得到了持续提升。

二、劣势

一是乏燃料后处理技术复杂、成本高。热堆在燃料循环中会产生大量的带放射性乏燃料，处理这些废物需要复杂的技术和设施，尤其次锕系的裂变产物，半衰期长，很难进一步处理。乏燃料通常需要经过再处理或长期存储，这进一步增加了管理难度和成本。

二是所用的铀资源有限。虽然全球范围内的天然铀资源相对丰富，但探明的高品质低成本的铀资源有限；热堆需要依赖铀资源的持续供应，而随着热堆规模的不断增加，铀资源的供应或将成为限制热堆大规模发展的关键因素。

三是热电转换效率较低。热堆的热效率通常在30%~35%，较一些先进的快堆或高温气冷堆，其热效率略偏低，在能源转化过程中浪费的能量偏高。

第二节　主要核能国家热堆发展历史与现状

一、中国

我国热堆发展经历了起步发展（20世纪80年代至90年代中期）、适度发展（20世纪90年代中期至2003年）、积极发展（2003—2010年）、安全高效发展（2010—2020年）等阶段，2020年以来步入积极安全有序发展新阶段。

（一）核电起步

技术路线以压水堆为主，采用“国产化”与“引进再消化”两条路径并行。“国产化”即自力更生模式，由我国自己设计、自己制造为主，适当采用部分国外先进的设备和技术，极大地提高了我国核电的科研、设计、制造、建设和生产运行水平。“引进再消化”即由国外提供成套核电设备，并提供相应的买方信贷，用建成发电后所获得的资金来偿还贷款。在引进国外先进设备的同时引进先进技术和管理经验，不断增加国内制造厂家的设备分交比例，提升了我国制造核电设备的能力，为我国自行建设大型先进核电机组创造了条件。

实现零的突破。1985年3月20日，我国自主设计建造的第一座30万kW压水堆核电厂在浙江秦山开工建设。1991年12月15日，秦山30万kW核电机组成功并网发电，结束了中国大陆无核电的历史，使我国成为能够自行设计、建造、运行、管理核电厂的国家之一。

走出核电国产化的道路。1986 年，国务院领导研究决定“以我为主、中外合作”的方式建设秦山二期核电站。综合考虑我国电力装备制造能力，将我国自主建设核电的单机组容量由百万千瓦级改为 60 万 kWe 起步，把 60 万 kWe 定为一段时间内核电建设的主力机型。秦山二期工程建设掌握了 60 万 kWe 核电机组技术，为我国自主建设百万千瓦核电机组打下了扎实基础。

（二）适度发展

我国先后又启动了四个项目（秦山第二核电厂、广东岭澳核电厂、秦山第三核电厂和江苏田湾核电厂）共 8 台机组的建设，把核电发展推上了小批量建设的新台阶。

核电技术多方位发展。核电技术路线的第一步即当前核电建设机型确定为国际上已成熟的、我国已基本掌握技术的、并作适当改进的机型；第二步是在先进核电机型技术基本掌握后建设先进核电机型。国产化方针指的是“以我为主、中外合作、引进技术、推进国产”，主要目的是掌握技术、跟踪世界发展；降低造价，提高经济效益；实现自主，摆脱对外国的依赖和控制。秦山二期是在消化吸收法国 M310 技术基础上我国自主设计建造的 60 万 kW 压水堆核电站。广东岭澳一期采用了大亚湾核电站技术翻版加改进的方案，秦山三期是引进加拿大技术的重水堆核电站，江苏田湾一期是引进俄罗斯技术的 VVER 压水堆核电站。

（三）积极发展

在此阶段，国家先后核准了辽宁红沿河、福建宁德、福建福清、广东阳江、浙江方家山、浙江三门（AP1000）、山东海阳、广东台山（EPR）、海南昌江、广西防城港等厂址的 13 个核电项目，包括美、法两国分别开发的 AP1000 和 EPR 三代机型均获准在中国开建。

开启第三代核电技术自主化进程。2003 年，我国召开核电自主化工作座谈会，对工作做了进一步安排部署，提出并着力推动“招标引进、发展三代、一步到位、跨越发展”的核电建设道路。2006 年 12 月，我国作出了在继续建设第二代改进型核电机组的同时，引进世界先进第三代核电技术的决策。通过公开招标，国家最终做出了引进西屋公司 AP1000 技术和法国 EPR 技术的决定，并开工建设 4 台 AP1000 机组和 2 台 EPR 机组。

进一步明确核电发展技术路线。2007 年，我国颁布的《核电中长期发展规划（2005—2020）》明确了核电发展技术路线：即核电发展坚持“热堆—快堆—聚变堆”的“三步走”路线；坚持发展百万千瓦压水堆核电技术路线；在第三代核电技术完全消化吸收掌握之前，以现有第二代改进型核电技术为基础，通过设计改进和研发，仍将自主建设适当规模的压水堆核电站。

进入批量化发展阶段。自 2005 年 12 月岭澳二期开工建设至 2010 年底，累计 30 台机组开工建设，其中引进三代技术项目 6 台，其余 24 台均为第二代改进型核电技术，打破了中长期发展规划提出的“适当规模”的限制，事实上走的是“两步走”的路子。上述 24 台第二代改进型核电机组已于 2016 年底全部建成，成为我国跻身世界核电大国行列的奠基石。

（四）安全高效发展

实现了由第二代向第三代、第四代技术跨越。我国将“大型先进压水堆与高温气冷堆核电站”列入国家科技重大专项，广泛吸纳国内各方面优势力量开展核电设计、装备制造、材料研制、工程技术等关键问题攻关。全面掌握三代非能动核电技术，通过对 AP1000 技术的引进、消化、吸收和再创新，已完成自主三代 CAP1400 型号研发、工程设计和安全评审，具备了开工建设条件。此外，中核集团和中广核集团又充分借鉴国际三代核电技术先进理念，汲取福岛核事故的教训，在自主研发的 ACP1000 和 ACPR1000 机型的基础上，研发出满足当今国际最高安全标准的“华龙一号”技术。

大力推进高温气冷堆示范工程科研设计，为示范工程开工建设作积极准备。

跻身世界三代核电技术前列。截至2020年12月底，我国在运核电机组49台，总装机容量为5103万kWe，仅次于美国、法国，位列全球第三；在建核电机组16台，总装机容量为1738万kWe，多年位居全球首位。核电自主创新能力显著增强，“华龙一号”自主三代核电技术完成研发，大型先进压水堆重大专项取得重大进展。AP1000、EPR三代核电技术全球首堆相继在我国建成投产运行，自主核电品牌“华龙一号”的成功投运，我国在三代核电技术领域已跻身世界前列。

（五）积极安全有序发展

核能助推“双碳”目标实现，党中央、国务院制定了碳达峰、碳中和的重大战略决策，国家层面陆续发布《关于完整准确全面贯彻新发展理念做好碳达峰碳中和工作的意见》《2030年前碳达峰行动方案》，多次强调积极安全有序发展核电，在确保安全的前提下合理确定核电厂布局和开发时序，保持平稳建设节奏。在“双碳”目标的背景下，核电是能源行业普遍认同的新时代基荷电源。

二、美国

美国是最早掌握军用反应堆技术的国家，也是最早发展核电的国家之一，建成了世界上首座压水堆核电厂和首座沸水堆核电厂。经过核电发展初期各种堆型的试验和比较，美国最终选择了轻水堆技术路线。截至2023年12月底，美国在运的93座核电反应堆（包含63座压水堆和30座沸水堆）由西屋公司、通用电气、原燃烧工程和巴布科克-威尔科克斯等几大核电供货商提供技术。

1953年，美国总统艾森豪威尔在联合国发表了和平利用原子能的演讲。此背景下，希平港成为美国第一座核电厂，也是世界上第一座压水堆核电厂，是商用压水堆的原型堆。在希平港核电厂基础上，美国建成了压水堆示范核电厂，其性能已与后来的商用压水堆核电厂比较相似。在此后的 30 多年内，西屋公司在美国建成了 54 座压水堆，还在巴西、韩国、西班牙、瑞典、瑞士等国修建了 20 多座压水堆，西屋公司也是世界上绝大多数压水堆的始祖。随着实践的增加、技术的进步，西屋公司压水堆的设计逐步形成标准化。福岛核事故后，美国提出具有更高安全性、更高功率的新一代先进核电站，研制出了先进压水堆（ABWR）、先进非能动式压水堆 AP1000。相比于第二代或者第二代+核电机组，第三代核电功率更大、寿命更长、建设周期更短、经济性更好、安全性更高。

美国的沸水堆技术和压水堆一样起源于 20 世纪 50 年代，由阿贡实验室研发并于 1953 年建成第一座沸水堆试验堆。沸水堆具有固有安全性、易于控制、设计简单等优势，美国通用电气公司选择沸水堆作为主要研发方向。通用电气的系列沸水堆（BWR/1—BWR/6）占据了全球沸水堆市场的绝大部分份额。在经历了 VVER 原型堆的成功之后，GE 公司开始引领沸水堆进入商业化时代，将具体型号 BEW/1 持续改进为 BWR/6，并通过技术转让的方式将沸水堆技术授权给日本的日立、东芝公司，以及德国的通用电气公司。

美国的小型热堆技术居世界领先地位，大力推进小型堆开发认证工作，纽斯凯尔动力公司小型模块堆（压水堆）设计已获美国核管会批准。不断提升核能经济性、安全性，在能源市场中取得突破是热堆发展的基本方向。

三、俄罗斯

将 VVER 作为压水堆主力机型。1964 年，苏联新沃罗涅日核电站投运世界上第一台 VVER 型压水堆核电机组，经过 60 年的发展，VVER 机型安全运行累计时间已超过 1200 堆 · 年，俄罗斯国内现有超过一半的核电机组都采用该堆型技术。VVER 的发展历程大体分为 4 个阶段。第一阶段：苏联时期设计了功率较小的 VVER-210/V-1、VVER-70/V-2 和 VVER-365/V-3M，但是由于存在设计缺陷没有形成批量的设计与建造。第二阶段：VVER 核电厂的大规模发展和建设是在电功率为 440 MW 的 VVER-440 时期，包含 V-179、V-230、V-213、V-270 四种型号，其中 V-230 是最常见的型号，V-213 是苏联第一个采用核安全标准的压水堆核电厂。第三阶段：VVER-1000 是发展的主要堆型，于 1975 年开始研发。VVER-1000 是在 VVER-440 的基础上通过技术创新改进发展而来的四环路压水堆核电厂，包括很多子型号，主要有 V-187、V-302、V-338、V-392、V-446、V-412、V-428、V-466 等。其中 V-320 统一了VVER-1000 系列的设计标准。第四阶段：俄罗斯在 VVER-1000 的建设实践基础上发展了 VVER-1200，被俄罗斯确定为今后核电发展的主力机型。此外，由于兼顾经济性和安全性，技术成熟可靠，VVER 是近年来在国际市场上获得订单最多的机型。VVER 系列还有不同功率、不同配置的先进堆型。目前，俄罗斯研发出的 VVER-1200 型压水堆技术采用了“能动+非能动”安全设计理念，符合国际上第三代核电技术要求。根据《俄罗斯联邦能源区域规划》，VVER 是其国内核电建设的主力机型，也是俄罗斯海外出口的主打品牌，已通过了国际原子能机构和欧洲核电用户组织认证。

此外，俄罗斯积极推动小型压水堆、沸水堆、高温气冷堆等在核动力装备、孤岛供电等领域的发展。俄罗斯已经建成 4 台小堆，分别是装载两台 KLT-40S 小堆的“罗蒙诺索夫”号浮动核电站，已经为楚科奇地区供电供热；装载两台 RITM-200 小堆“北极”号破冰船顺利完成首航。

四、法国

核电在本国电力供应中占较高比例，压水堆实现标准化、批量化发展。法国从 20 世纪 50 年代开始发展核电，早期主要建设石墨气冷堆，在提供电力的同时生产核武器材料钚。当时经过对技术评估，法国放弃了石墨气冷堆技术，逐步关停石墨气冷堆核电站，随后沸水堆机组也于 1985 年关停。受第一次石油危机的影响，法国于 1974 年启动大规模核电建设计划，在 1977—1999 年期间，法国共建造投运了 58 座压水堆核电机组，累计装机容量达 63 GWe。在此期间，法国先后从西屋公司引进了“非标准”的三环路压水堆技术、M414 型四环路压水堆核电技术，通过改进分别形成了 CP0、CP1、CP2 系列和 P4 机组；此外，法国电力公司（简称：法电）和法马通共同开发了 N4 机组。此外，以 N4 机组和德国 Konvoi 机组为主要设计参考，充分吸收了法国、德国核电站的运行经验，法国与德国共同开发了 EPR 机组。在推动芬兰、英国、中国、法国的 EPR 项目建设的同时，法国也开展了新版本 EPR2 技术的认证工作。根据法国电网公司《未来能源 2050》研究报告，法国在 2050 年前新建核电机组以 EPR2 为主、小型模块化核电为辅。

五、韩国

1957 年加入国际原子能机构，1958 年通过原子能法，1959 年批准有关利用原子能的法律文件，1962 年建成第一座小型实验堆。

20 世纪 80 年代，韩国采用引进美国单机功率 1000 MWe 的 System 80 堆型，通过 4 台机组与国外合作设计建设和转让技术，实现了设计自主化和设备国产化。1992 年到 2002 年，在 System 80 的基础上，成功开发了 OPR-1000 型压水堆，此后又进一步开发出更大、更先进的 APR-1400 型压水堆。目前，韩国国内已建成 10 台 OPR-1000 机组、3 台 APR-1400 机组，3 台在建机组及 2 台计划建设的机组均采用 APR-1400 技术。韩国凭借突出的安全运行成绩，以 APR-1400 技术获得阿联酋 4 台核电机组建设合同。在 APR-1400 的基础上，韩国 2007 年启动 APR+第三代加压水堆设计研发，2014 年通过安全与安保委员会的设计方案审查，还为欧洲市场开发了 EU-APR-1400。在发展压水堆的同时，韩国还从加拿大引进了 4 台 CANDU 重水堆。

六、日本

20 世纪 50 年代中期启动核能科研计划，陆续建立了相关的法律和机构，1963 年建成了一台原型沸水堆 JPDP。日本的第一座商用核电厂是从英国引进的镁诺克斯气冷堆，于1966年开始运行。20世纪70年代日本开始从美国引进轻水堆技术，在此基础上日立、东芝和三菱公司形成了轻水堆的自主设计、建造和设备制造能力。20世纪80年代至90年代，日本的核电供应商还与国外伙伴合作开发了第三代轻水堆技术ABWR和APWR。

2011年之前，日本的核电装机容量约为47.5 GWe，发电量占全国发电量的30%，但是福岛核事故给日本核工业带来了沉重影响，也给核电发展带来了较大的不确定性。截至2023年12月底，日本在运的核电机组12台，年度总发电量为810亿kW·h。

七、印度

基于本国铀贫钍丰的资源现实，印度政府1958年制定了三阶段核能发展战略，第一阶段是开发基于铀循环的加压重水反应堆，第二阶段开发以钚（由第一阶段的重水堆提供）为燃料的快中子增殖反应堆，第三阶段开发采用钍-铀燃料循环的先进重水堆核能系统。

印度核能发展第一阶段的主要任务是开发以天然铀作为燃料的加压重水反应堆，在发电的同时生产钚。印度对加压重水堆的研究始于20世纪50年代的CIRUS反应堆，这座研究堆由加拿大援建，美国提供重水。20世纪70年代印度进行核试验后，核大国对印度的核材料与核技术进行了一定程度的封锁，印度开始独立发展重水堆技术。印度早期建设的加压重水堆的电功率多为220 MW和540 MW，之后印度开始重视单机容量的提升，2021年投入运营的格格拉帕尔3号机组电功率达到700 MW。截至2023年底，印度在运核电机组19台，总装机规模6290 MWe，在建机组8台，总装机规模603 MWe。总的来说，印度已基本达成第一阶段的目标，实现了加压重水堆燃料循环技术和重水生产技术的自主化和工业化。

先进重水堆是电功率300 MW的垂直压力管式反应堆，使用钍铀混合氧化物和钍钚混合氧化物燃料，可以利用快堆产生的铀-233和钚-239。使用自然循环的方式循环冷却剂，并设有重力驱动水池等被动安全系统，具备固有安全性；具有较低的功率密度和中子注量率，使得核素转换与停堆后反应堆的重启都更加容易。印度第一座先进重水示范堆原计划 2012 年开工，但由于种种原因至今仍未启动建设工作。目前，已经完成了反应堆的设计工作和安全壳系统模拟实验装置建设，正在进行反应堆系统的技术验证。

高温气冷堆是印度为实现核能制氢目标设计和开发的反应堆，相关计划已经启动。反应堆将以铀-233 作为燃料，堆芯设计紧凑，能够为热化学制氢和煤裂解等工业领域提供稳定的热力。目前，印度已在高温气冷堆的铅冷系统、包覆颗粒燃料、碳基结构组件、耐高温合金等技术上取得一定进展。

第三节　重点机型技术特征

一、HPR1000

“华龙一号”（HPR1000）是中国立足于 30 多年核电工程的设计、建造和运行经验，在充分借鉴国际第三代核电技术先进理念，吸收福岛核事故经验反馈的基础上，采用国际最高安全标准，自主研发的大型先进压水堆核电技术，其成熟性、安全性和经济性满足国际第三代核电技术标准。

“华龙一号”采用 177 堆芯布置，可使用自主研发的 CF2、CF3 燃料组件，还采用了单堆布置、双层安全壳、抗大飞机撞击等先进设计理念。“华龙一号”基于现有压水堆核电厂成熟技术的渐进式设计，全面平衡地贯彻了核安全纵深防御设计原则、设计可靠性原则和多样化原则，创新地采用能动与非能动相结合的安全设计理念，兼顾了能动系统的成熟和非能动系统的优势，提供了多样化的手段满足安全要求，具备完善的严重事故预防与缓解措施、强化的外部事件防护能力和改进的应急响应能力等先进特征，充分保证了核电厂的安全性、经济性和先进性。如表 2-1 所示。

表 2-1　主要技术参数

指标名称	参数
堆芯热功率/MW	3050
额定电功率/MW	≥1100
换料周期/月	18
电厂可利用率/%	≥90
设计地震加速度/g	0. 3
堆芯损坏频率/（堆·年）$^{-1}$（三代用户要求<1×10^{-5}）	<1. 28×10^{-7}
大量放射性释放频率/（堆·年）$^{-1}$（三代用户要求<1×10^{-6}）	<1. 22×10^{-8}
堆芯热工裕量/%	>15
电厂布置	单堆
设计基准事故投入的安全系统	能动
超设计基准事故投入的安全系统	能动+非能动
先进性能（60 年、长换料周期）	实现

二、CAP1400

“国和一号”（CAP1400）是中国在国家科技重大专项的支持下，在AP1000 技术引进、消化、吸收基础上，进行集成创新与再创新所形成的具有自主知识产权的大型先进压水堆型号。

“国和一号”基于核电厂容量需求，对主系统和主设备、核岛及常规岛厂房布置等进行重新设计，开展系统性的创新和优化，包括采用 193 盒高性能燃料组件、自主设计可抗击大型商用飞机恶意撞击的钢板混凝土（SC）结构屏蔽厂房、重新设计汽轮机发电机系统和辅助系统、提升钢安全壳等关键设备性能和安全裕量等。另外，为满足核电厂实际消除大量放射性物质的安全目标，增强机组应对极端外部自然事件的能力，“国和一号”还采取了一系列自主设计创新措施，如进一步增强核电厂抗击地震、极端洪水等自然灾害的设防，加强非能动安全系统 72 小时后长期冷却能力等。如表 2-2 所示。

表 2-2　主要技术参数

指标名称	参数
堆芯热功率/MW	4040
额定电功率/MW	≥1500
换料周期/月	18
电厂可利用率/%	93
设计地震加速度/g	0. 3
堆芯损坏频率/（堆·年）$^{-1}$ （三代用户要求$<1\times10^{-5}$）	$<4.02\times10^{-7}$
大量放射性释放频率/（堆·年）$^{-1}$ （三代用户要求$<1\times10^{-6}$）	$<5.07\times10^{-8}$
堆芯热工裕量/%	>15
电厂布置	单堆
设计基准事故投入的安全系统	非能动
超设计基准事故投入的安全系统	非能动

三、HTR-PM

中国高温气冷堆（HTR-PM）技术采用氦气冷却剂，石墨慢化剂及全陶瓷包覆颗粒燃料元件。反应堆出口温度可以达到 700~1000 ℃。

高温气冷堆的核心思路是采用热功率 200~600 MW 的比较小的反应堆模块，利用包覆颗粒燃料元件所能达到的优异耐高温性能，在不需要任何应急冷却的情况下，反应堆都能够自然散热，从而消除堆芯熔化的可能性。安全性是模块式高温气冷堆的重要特点之一。

高温气冷堆的另一重要特点是提供高温蒸汽。它的一个重要用途是高效率发电以及热电联产。在反应堆出口温度达到 700~750 ℃的条件下，可以结合在反应堆二回路的蒸汽循环，实现亚临界、超临界以及超超临界发电，效率达到 40%～48%。可以通过汽轮机抽汽，实现热电联产，用于 100～400 ℃ 不同参数的工业和民用供热市场。

高温气冷堆球形燃料元件内部的包覆燃料颗粒为三重各向同性包覆颗粒燃料。TRISO 颗粒的尺寸很小，直径约为 1 mm。在 TRISO 颗粒中 0.5 mm 直径的燃料核芯首先包了一层多孔的低密度热解碳，其作用是吸收核裂变产生的气体；接下来是三重包覆层：内层高密度各向同性热解碳包覆层、碳化硅包覆层、外层高密度各向同性热解碳包覆层。这些燃料颗粒的包覆层形成了阻止核裂变产物向外释放的第一道屏障，其良好性能是高温气冷堆安全的根本保障。如表 2-3 所示。

表 2-3　主要技术参数

项目	参数
热功率/MW	2×250
电功率/MW	211
堆芯直径/m	3
堆芯高度/m	11
氦气压力/MPa	7
堆芯出口温度/℃	750
堆芯进口温度/℃	250
主蒸汽温度/℃	500～570
主蒸汽压力/MPa	11～13.5

四、ACP100

中国“玲龙一号”（ACP100）按照最新的民用 HAF 系列核安全标准和《小型压水堆核动力厂安全审评原则（试行）》进行设计，采用国际主流的一体化反应堆技术，反应堆热功率 385 MW，电功率可达 126.47 MW，立足工程可实施性兼顾先进性，最大程度采用成熟的技术设备，采用固有安全加非能动的安全设计理念，应急计划区（EPZ）可缩小至 300 m，从设计上实现了不需要场外应急。

ACP100 先进技术特征有：压力容器与蒸汽发生器实现了一体化，取消了冷、热管段，消除了大破口事故；安全专设系统采用非能动设计，如非能动应急堆芯冷却系统和非能动余热排出系统，无需安全级的应急柴油发电机，降低了系统复杂性，减少了设备数量；采用了双层安全壳设计，事故后安全壳内余热可通过内层钢制安全壳与环形空间的空气对流排出，无需冷却水源；厂房采用半埋式布置，反应堆、乏燃料及安全系统位于地下，防止大飞机的撞击破坏等。如表 2-4 所示。

表 2-4　主要技术参数

名称	参数
反应堆型式	一体化
反应堆电功率	310 MW
换料周期	24 个月
反应性控制	棒控+硼控
循环方式	强迫
驱动机构	外置
稳压方式	外蒸汽稳压
主泵	外置屏蔽泵
安全壳	混凝土

五、VVER

俄罗斯 VVER 主要特点有：六边形燃料组件，卧式蒸汽发生器，无压力容器底部贯穿件，采用大体积稳压器。但不同阶段的产品有不同的特点。

VVER-440 核电厂主要包括 3 种型号：V-179、V-230、V-213。这 3 种型号均设计有 6 条环路。每条环路中都有一台主泵，一台蒸汽发生器和一个主隔离阀。在核电厂运行期间，通过隔离阀可以将一些环路切断进行维护。稳压器连接在主回路上，连接有安全阀。

VVER-440/V-230 设置了事故局部化系统、电厂仪表、控制系统、安全系统和消防系统。由于压力容器内侧没有加不锈钢覆层，且所使用的合金杂质比较高，所以压力容器容易发生脆裂。

VVER-440/V-213 是在 V-230 的基础上加以改进而形成的。这种堆型虽然依旧没有设置安全壳，但是增设了一个“起泡冷凝塔”。当发生失水事故时，“起泡冷凝塔”收集和冷却各仓室的蒸汽。进而低仓室压力，保持密封性。同时相对于 V-230，V-213 的压力容器内侧增加了不锈钢覆层，反应堆冷却剂泵增加了飞轮，在系统设置上，增设了堆芯应急冷却系统和辅助给水系统，并在 VVER-440/V-230 的基础上升级了事故局部化系统。

VVER-440/V-270 也是在 V-230 的基础上发展而来，做了大量的改进，包括以下几个方面：提高了核电厂的抗震级别；主泵配置了飞轮；核电厂设置了双环路厂用水系统；加入了应急给水系统；加入了余热导出系统；加入了控制面板，相当于一个远距离停堆控制面板；加入了电网控制面板；冗余的安全设备面板采用独立的供电线路；扩展消防面板主冷却剂系统加入了泄漏探测系统。

VVER-1000 的设计继承了 VVER-440 的许多优点，也做了大量的改进和革新，如改进压力容器制作工艺，增设了安全壳、喷淋降压系统等。VVER-1000 均为四环路系统，每条环路由热管段、一台蒸汽发生器、一台主泵和冷管段组成，稳压器系统连接在其中一条环路上。VVER-1000/V-320 统一了 VVER-1000 系列的设计标准。V-320 以及参照 V-320 设计的型号在主环路上不设置隔离阀；稳压器连接在其中一条环路的热管段，喷淋管线连接在冷管段；每条环路热管段的温度为 322 ℃，冷管段的温度为 290 ℃，环路的运行压力为 15. 7 MPa；反应堆、主冷却剂系统和安全系统均布置在混凝土构建的安全壳内。大多数 VVER-1000 核电厂的参数基本相同，但是在具体设计和配置上有一些差异，例如，V-428 广泛采用冗余布置，提高反应堆的安全性；VVER-392 则采用全尺寸非能动安全原则；VVER-392B 采用了双层安全壳。

在 VVER-1000 的基础上，VVER-1200 的设计在传统能动系统的基础上广泛采用非能动设计，采用堆芯熔融物收集器和改进的安全壳，能够经受 5.7 t 的飞机以 100 m/s 的速度撞击，并能经受 30 kPa 的冲击波和 7 级地震。VVER-1200 的两种型号 V-392M 和 V-491 设计基本相同，差异主要是：V-392M 广泛采用非能动技术，而 V-491 则更多采用能动技术；V-392M 采用两个通道的能动安全系统，V-491 采用 4 个通道的能动安全系统，提高冗余度及系统安全性。

六、AP1000

AP1000 是西屋公司在已开发的非能动先进压水堆 AP600 的基础上形成的百万千瓦级第三代核电堆型。AP1000 在成熟的传统压水堆核电技术的基础上采用非能动安全系统，核电厂安全系统的设计发生了革命性的变化，由此派生设计简化、系统设置简化、工艺布置简化、施工量减少、工期缩短等一系列效应，AP1000 的安全性能得到显著提高，同时在经济上具有较强的竞争潜力。

AP1000 为单堆布置的两环路机组，电功率 1250 MW，设计寿命为 60 年。采用了增大的蒸汽发生器，稳压器的容积进一步增大；主泵采用屏蔽式电动泵，取消了主泵的轴封；取消了压力容器堆芯区的环焊缝，堆芯的测量仪表布置在上封头。

AP1000 采用加长型堆芯设计，该堆芯设计已在比利时的 Doel 4 号机组、Tihange 3 号机组得到了应用；许多已得到验证的设计特征集成在 AP1000 燃料组件的设计中。该组件类似于 17×17 Robust 和 17×17 XL Robust 燃料组件，这两种燃料组件也是由西屋公司设计并已积累了多年的运行经验。西屋公司 20 世纪 90 年代初，在商业竞争的推动下推出了 PERFORMANCE+的设计，许可的最大燃耗达到 55 GWd/tU，而 AP1000 燃料棒的最大许可燃料燃耗已明显高于 PERFOR- MANCE+，达到了 62 GWd/tU。这就为堆芯燃料管理延长燃耗提供了更大的潜力。

AP1000 主要的安全系统都采用了非能动的设计，主要包括：非能动余热排出系统、非能动安全注入系统、自动卸压系统、非能动安全壳冷却系统、主控室非能动应急可居留系统等。不需要非安全级系统就能缓解设计基准事故，不考虑非安全系统的作用就能满足 NRC PRA 规定的安全目标，与传统的压水堆核电厂相比，对许多系统的设计都进行了简化和降级。非能动安全系统的设计大幅度地减少了设备和部件，同时采用标准化的设计，便于采购、运行、维护。

安全壳为双层安全壳结构，外层为预应力混凝土，内层为钢制安全壳。在 AP1000 的设计中，考虑了以下几类严重的事故，包括堆芯和混凝土的相互反应、高压熔堆、氢气燃烧和爆炸等。为了防止堆芯熔融物熔穿压力容器与混凝土地板发生反应，AP1000 采用了将堆芯熔融物保持在压力容器内的设计，在发生堆芯熔化事故后，将水注入压力容器外壁和其保温层之间，冷却堆芯的熔融物。针对高压堆熔事故，AP1000 在主回路上设置了 4 级可控的自动卸压系统（ADS），通过冗余多样的卸压措施，可靠地降低了一回路的压力，避免高压堆熔的发生；针对氢气燃烧和爆炸的危险，AP1000 在设计中使氢气从反应堆冷却剂系统逸出的通道远离安全内壁，避免氢气火焰对安全内壁的威胁，同时在安全壳内部布置了冗余、多样的氢气点火器和非能动的自动催化氢复合器。对于安全壳超压事故，AP1000 非能动安全壳冷却系统在发生事故后依靠空气冷却就足以带出安全壳内的热量，有效地防止安全壳超压。

AP1000 仪控系统采用数字化技术设计。主控室采用布置紧凑的计算机工作站控制技术，人机接口设计充分考虑了运行核电厂的经验反馈。建造过程还采用了关键技术：核岛筏基大体积混凝土一次性整体浇筑技术、核岛钢制安全壳封头成套制造技术、模块化施工技术等，如表 2-5 所示。

表 2-5 主要技术参数

指标名称	参数
堆芯热功率/MW	3400
额定电功率/MW	≥1250
电厂可利用率/%	≥93
设计地震加速度/g	0.3
堆芯损坏频率/（堆·年）$^{-1}$ （三代用户要求<1×10^{-5}）	<5.08×10^{-7}
大量放射性释放频率/（堆·年）$^{-1}$ （三代用户要求<1×10^{-6}）	<5.94×10^{-8}
堆芯热工裕量/%	>15
电厂布置	单堆
超设计基准事故投入的安全系统	非能动

七、EPR

EPR 为单堆布置四环路机组，电功率约 1600 MW，设计寿命 60 年，双层安全壳设计，外层采用加强型的混凝土壳抵御外部灾害，内层为预应力混凝土。EPR 通过主要安全系统 4 列布置，分别位于安全厂房 4 个隔开的区域，简化系统设计，扩大主回路设备储水能力，改进人机接口，系统地考虑停堆工况，来提高纵深防御的设计安全水平。设计了严重事故的应对措施，保证安全壳短期和长期功能，将堆芯熔融物稳定在安全壳内，避免放射性释放，将堆芯熔化概率降至 6.3×10^{-7}（堆·年）$^{-1}$。EPR 堆芯设计可容纳不同的燃料组件，例如，AFA 3GL 或 HTP。EPR 堆芯基虽然是为 UO_2 燃料元件设计的，但可以装载多达 50%的 MOX 燃料组件。燃料组件均由 17×17 格的 265 个燃料棒和 24 个以正方形阵列排列的导管组成，有效长度 4.20 m。燃料棒通过 8 个中间栅栏和两个端部隔离栅在轴向上和径向上受到机械约束。如表 2-6 所示。

表 2-6　主要技术参数

指标名称	参数
堆芯热功率/MW	4500
额定电功率/MW	≥1600
换料周期/月	18
电厂可利用率/%	≥91
设计地震加速度/g	0.25
堆芯损坏频率/（堆·年）$^{-1}$ （三代用户要求$<1\times10^{-5}$）	$<1.1\times10^{-6}$
大量放射性释放频率/（堆·年）$^{-1}$ （三代用户要求$<1\times10^{-6}$）	$<9.6\times10^{-8}$
堆芯热工裕量/%	>15
电厂布置	单堆
设计基准事故投入的安全系统	多重冗余，能动
超设计基准事故投入的安全系统	能动

第四节　发展前景

气候变化和能源供应安全，成为全球能源结构调整的主要驱动因素。地缘政治局势和军事冲突加剧了全球能源格局的迅速变化。越来越多的国家将核能视为一种稳定、可靠和低碳的能源，各国发展核能的脚步持续加快。许多国家正在延长现役核反应堆的寿命，考虑或开始进行先进反应堆的设计和建造，并研究小型模块化反应堆，探索用于发电以外的应用，包括供热、海水淡化、制氢等多种用途，旨在推进核电更容易建造、更灵活部署、更经济利用。在国际核能发展前景预测中，主要以热堆为主力技术进行预测，预测情况梳理如下。

在第 28 届联合国气候大会（COP28）上，国际原子能机构联合 40 余个成员国共同发表《净零需要核能》声明。进入 21 世纪以来，核能已帮助全球减少了约 300 亿 t 温室气体排放。如今，核能为世界提供了 1/4 的清洁电力，为实现联合国可持续发展目标作出了重大贡献。同时，22 个国家联合发布了一份声明，呼吁到 2050 年全球核能装机容量增至 2020 年的 3 倍，并邀请国际金融机构鼓励将核能纳入能源贷款政策，认识到核能在实现净零路径中的关键角色。据此推测，到 2050 年全球核能装机容量突破 11 亿 kWe，核电需要增加 2 倍。

国际能源署（IEA）《2023 年世界能源展望》预测，能源相关的二氧化碳排放将在 2025 年达到峰值；全球石油、煤炭和天然气的需求将在 2030 年达到峰值，届时化石燃料在世界能源供应中的份额将从几十年来的 80%以上，降至73%。同时，全球能源供应方式正发生变革，风能、太阳能、热泵和电动汽车等清洁能源技术的快速兴起发挥了关键作用。核电是当今仅次于水电的全球第二大低碳电力来源，根据《2023 年世界能源展望》，按“既定政策”情景测算，全球核电装机容量预计将从 2022 年的 4. 17 亿 kWe 增加到 2050 年的 6. 2 亿 kWe。全球核能发电量将从 2022 年的 2. 682 万亿 kW · h 增加到 2050 年的 4. 353 万亿kW · h。

国际原子能机构《2050 年全球核能展望报告（2023 年版）》预测，到 2040 年，世界核电装机低需求情况下将维持在 4. 34 亿 kWe 水平，在高需求情况下将增至 6. 81 亿 kWe。世界核协会（WNA）《核燃料报告（2023 年）》预测，到 2040 年，在运核电装机规模中情景将达到 6. 86 亿 kWe，低值与高值情景分别为 4. 86 亿 kWe 和 9. 31 亿 kWe。OECD-NEA 铀资源红皮书预测，到 2040 年，世界核电装机容量在低情景下将保持在 3. 94 亿 kWe 水平，在中情景下保持在 5. 35 亿 kWe 水平，在高情景下将增至 6. 77 亿 kWe。如表 2-7 所示。

表 2-7　国际核能机构对 2040 年全球核能装机规模预测　　亿 kWe

	IAEA	WNA	OECD-NEA
低情景	4. 34	4. 86	3. 94
中情景	5. 57（均值）	6. 86	5. 35（均值）

续表

	IAEA	WNA	OECD-NEA
高情景	6.81	9.31	6.77

第五节　铀资源保供问题

一、全球铀资源储量

根据IAEA和OECD-NEA年发布的最新版铀资源红皮书统计，截至2021年1月，全球开采成本低于260美元/千克的已查明可回收铀资源量约为791.7万tU，相较2019年1月，全球查明常规铀资源量在减少，最低成本类别（低于40美元/千克铀）的可采资源量的减幅最大，减少约28%，而成本较高的可采资源量降低幅度较小，不超过3%。考虑到部分可采资源不具备开采条件，按照75%可采资源可以经济投产，则已查明可回收铀资源中可供利用的铀资源量约为590万t，可以满足全球约100年的铀需求。全球待查明铀资源量（预计资源和推测资源之和）约为736.55万t。2009—2021年全球可回收铀资源量变化如图2-1所示。

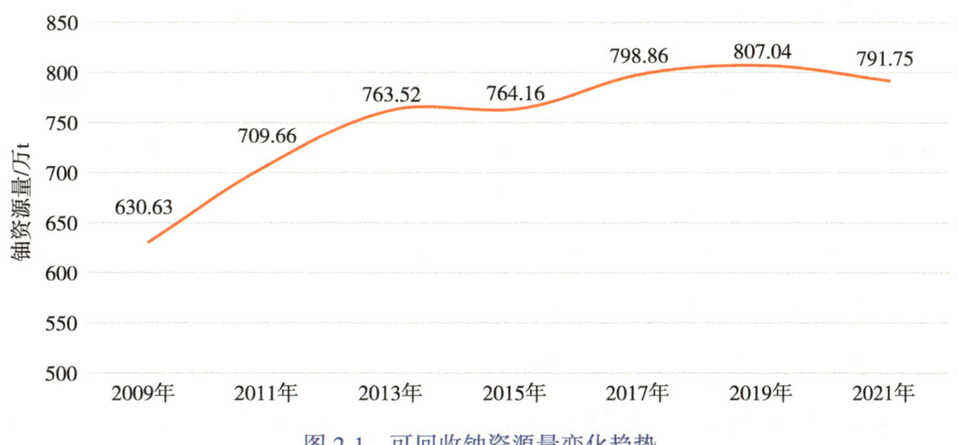

图2-1　可回收铀资源量变化趋势

从常规铀资源的潜在增量看，铀资源量与勘查找矿活动直接相关。根据铀资源红皮书 2009 年至今所公布的可回收资源量的变化趋势来看，资源总量从 630.63 万 t 一直增长到 791.75 万 tU，年均增长率约为 2%（图 2-1）。从动态角度，保守按照现有资源量 1%的年均增长率，则未来每年会新增约 8 万 t 铀资源，也将会成为全球铀资源的重要补充。

全球在产铀矿山年产量近 5 年内基本处于 4.7 万～6.2 万 t 水平，综合考虑产能布局建设约 10 年的滞后期与当前在产矿山的关闭，要满足 2040 年全球天然铀 10 万 t 的总需求，未来全球天然铀一次供应还需大幅增加。根据瑞士资源资本报告数据，2022 年全球天然铀产量约为 58 967 t，约占其年需求 75%左右，其余由二次供应（含美俄两国政府库存、贫铀再浓缩/欠料供应、MOX 燃料等后处理铀钚）及其他市场参与者的库存补充。

全球铀矿资源分布极不均衡。储量排名前十的国家分别是澳大利亚、哈萨克斯坦、加拿大、俄罗斯、纳米比亚、南非、尼日尔、巴西、中国和印度，十国总储量占全球已查明资源总量的近 83%。

从总体看，虽全球已探明天然铀资源量储量大，但低成本资源量并不多；以一次供应为主，也需二次供应作补充。从全球数据看，二次供应占总供应的 10%～20%。

二、二次供应

铀资源二次供应包括相当规模的政府和商业储备、乏燃料后处理回收的铀、贫铀再浓缩生产的铀及高浓铀稀释所产生的低浓铀等。根据有记录以来铀资源的生产和消耗，推断目前全球二次供应的铀资源量约为 50 万 t。随着中长期天然铀价格的上涨，贫铀与堆后铀都将成为重要的天然铀供应资源，其中贫铀供应并不存在技术瓶颈，在合理范围内随时可以推动开展。总体看来，二次供应增加资源利用率 10%左右。

例如，美国全球激光浓缩公司在北卡罗来纳州威尔明顿建设了一座激光铀浓缩设施，预计 2024 年示范，该设施使用激光激发分离同位素铀浓缩技术可将^{235}U的丰度富集至最高8%，生产的低浓铀用于制造商业核电厂的核燃料。法国电力公司早在20世纪80年代初就研究了在压水堆中使用堆后铀的可行性。从1997年开始，EDF在Cruas-3和Cruas-4堆大批量使用堆后铀燃料，两个机组都获得了全堆芯装载堆后铀的批准。自1997年以来，其堆后铀的年使用量大约为150~400 t。到2003年底，法国获得约9600 t源自法国压水堆乏燃料的堆后铀，其中2900 t已在法国压水堆核电厂中使用，剩余6700 t堆后铀被转化成稳定形式以待未来使用。

三、非常规铀资源

随着天然铀资源需求和开发难度的逐年加大，在开发陆地铀资源的同时，探寻和开拓非常规铀资源将是重要战略选择。非常规资源是指仅将铀作为副产品生产的资源，例如，磷酸盐、黑色页岩、有色金属矿石、碳酸盐岩、褐煤及其他潜在来源（如海水）。

中国非常规铀资源主要包含黑色岩系型和盐湖型。其中与黑色岩系有关的含铀黑色岩系型、含铀磷块岩型、铀多金属磷块岩型是对中远期保障我国铀资源可持续供给具有重要意义的非常规铀资源类型。中国黑色岩系非常规铀资源铀成矿作用受控于陆缘裂谷体系、陆缘裂陷–深断裂带成矿体系；受控于伴随海底喷流作用和海底火山喷发的由热水沉积硅质岩、硅质磷块岩和碳硅质泥岩组成的富铀海相黑色岩系；陆缘裂谷、陆缘裂陷热水沉积作用或喷气–沉积是中国早古生代形成黑色岩系非常规铀资源或发生大规模铀成矿作用的成矿机制。

此外，海水中铀的蕴含量约45亿t，是陆地上已探明铀储量的近千倍。但海水中铀浓度极低，体系复杂，研究具有可工程化应用的海水提铀面临巨大挑战。2019年11月，中核集团发起成立了中国海水提铀技术创新联盟，积极推动建立海水提铀基础研究和工艺技术方法等技术路线图，瞄准海水提铀世界科技前沿，着力实现高效吸附材料和海水提铀装置的重点突破，加快推动实现海水中铀资源的工业化开发与利用。

四、我国核电所用铀资源供需与保障问题

基于以上分析，综合评估认为：

近中期，我国天然铀安全供应有保障。2023 年，我国天然铀净需求约为 8900 t，大部分由海外资源进行供给保障，海外开发与国际贸易各占约 5 成的供给。2023 年我国控制海外资源量约为 57 万 t，对应权益产能 1.1 万 tU/a 左右，能够满足国内需求。同时，国际贸易作为海外供应与国内供应的调节手段，为我国的天然铀平衡供应起到重要调节作用，国际贸易采购主要来自中亚及非洲等国家和地区，其中中亚地区占 75%~80%、非洲地区占 20%~25%。

远期，天然铀安全供应有托底，但需要付出巨大努力，并开展大量开发工作。按照 2040 年 2 亿 kW 规模的在运核电装机测算，届时年均天然铀消耗将达到 3.6 万 t；不考虑延寿情况下，天然铀全寿期总需求将达到近 200 万 t。从国际国内的铀资源量看，铀资源长期供应是有托底支撑的，但需在国内外铀资源开发、储备，铀资源勘探、采冶技术攻关等方面深入开展大量实质性工作。

第六节 滨河（湖）核电发展问题

截至 2023 年 12 月底，我国在运在建核准待建核电机组共计 93 台，总装机容量 1.01 亿 kWe，位居全球第一。即便如此，我国核能发电量仅占全国累计发电量的 5%左右，远低于世界发达国家水平（OECD，18%），甚至低于世界平均水平（10%）。为有效支撑我国电力系统零碳化和双碳目标的实现，据测算，未来核电的装机容量要达到 4 亿 kW，这一体量当前沿海厂址无法完全支撑。

一、全球半数以上核电机组建在滨河（湖）厂址

世界上正在运行的机组中，滨河（湖）机组比例约占 50.1%。主要核电国家滨河（湖）核电厂占比均超半数。美国滨河（湖）机组约占 75.7%。密西西比河流域（包括干流、支流、分支流上人工筑坝形成的湖泊）内共有 20 座核电厂，33 台机组。法国内陆 8 条主要河流上建有 15 座核电厂，滨河（湖）机组约占 65.1%。加拿大滨河（湖）机组占 85.7%。俄罗斯滨河（湖）机组占 58%。如表 2-8 所示。

表 2-8 美、法等国的滨河（湖）核电机组分布

国家	美国	法国	俄罗斯	加拿大	乌克兰	印度
总机组	94	56	37	19	15	23
内陆机组	81	38	31	18	15	15
占比/%	86	68	84	95	100	65

滨河（湖）核电具有充分的安全保证。我国核电技术按照国际最高安全标准制定了比发达国家更为严格的放射性固体废物、废液、废气的排放标准，实行严密的核安全管控，确保在极端自然条件下，滨河（湖）核电厂的工艺系统和构筑物等对放射性物质做到能包容、能封堵、能储存、能隔离、能处理，使得放射性物质不超标向环境排放，完全满足我国核安全监管与环保法律法规的要求。

二、我国滨河（湖）核电厂址资源丰富

截至 2023 年底，我国沿海/滨海核电厂址可靠规模接近 2.4 亿 kW，滨河（湖）核电厂址资源接近 1.8 亿 kW。随着厂址开发工作不断深入，预计厂址容量会达到 6 亿~7 亿 kW 装机，甚至更多。如表 2-9 所示。

表 2-9　我国目前核电厂址资源概况

	厂址数/个	可支撑装机/kW	所在省、市、自治区
沿海/滨海	38	2.4 亿	辽宁、河北、山东、江苏、浙江、福建、广东、广西壮族自治区、海南
滨河（湖）	37	1.8 亿	吉林、浙江、安徽、河南、湖北、湖南、江西、四川、重庆、福建、广东、广西壮族自治区

三、滨河（湖）安全有保障

对于滨河（湖）压水堆核电厂而言，按照放射性废液处理原则：废液处理后尽可能复用，开展系统设计优化，进一步减少向环境的排放量。

对废液处理系统经过重新配置改进后，液态流出物排放源项大幅减少。经技术改造取消二次中子源后，可部分减少氚排放源项。因此，气载流出物排放源项和液态流出物排放源项均能够满足 GB 6249—2011 规定的滨河（湖）核电厂排放控制值要求。

在法规、标准等方面，滨河（湖）与沿海核电相同，不加以区别，但在选址和建设时，为适应滨河（湖）特点以及满足安全要求，冷却方式、厂址可行性、安全性评价技术等方面都应有所调整。例如，滨海厂址通常选择海水直流冷却，而滨河厂址则要视水体条件来确定采用江湖淡水直流或循环冷却；由于海水与滨河（湖）河水的水质不同，在工程和设施材料方面也要有不同的考虑；此外，两种水体的扩散条件，以及滨海地区与滨河（湖）地区的大气扩散条件也存在着差异，对于这种差异可能产生的影响都需要在选址评价中有适当考虑。另外，两种厂址在防洪考虑方面分别侧重于洪水和海潮，但都必须计算全部可能发生的洪水量；在放射性废液排放方面滨河（湖）核电的要求更加严格，以更好地保护水源。实际上，即使同样是沿海核电，在不同的厂址建设时，也要根据具体厂址情况进行必要的适应性调整，以满足相关标准要求。

中国采用的“华龙一号”“国和一号”自主三代技术是全球最先进、成熟和安全的技术，符合滨河（湖）建设核电要求。

（1）国际原子能机构以及美国、法国、俄罗斯等国家在核电厂安全目标、选址准则、剂量约束值和放射性流出物排放量控制值等方面，并没有对沿海核电厂址和滨河（湖）核电厂址进行区分。

我国的核电安全标准与国际原子能机构的最新标准基本理念是一致的，安全目标更高。

我国自主研发的三代核电技术在设计中充分考虑三代核电的先进性和充分吸收福岛事故经验反馈，符合我国核电法规要求，其设计的先进性是有保障的。

（2）从核电设计初因事件的筛选过程和结果来看，三代核电设计中初因事件的覆盖面是完整的，针对特异性电厂的初因事件的分析方法和过程是完整的。三代核电技术应用于滨河（湖）核电建设在初因事件筛选上从方法到清单都是可以实施的。

（3）总体而言，三代核电技术对于设计基准事故的分析是全面而完备的，方法成熟，结论可信度高，直接应用于滨河（湖）核电是适宜的。

滨河（湖）核电如采用冷却塔等特殊设计，会带来一定的 DBC 工况的增加，但增加的初因事件由于仅涉及最终热阱的改变，系统设计要求中能力需求是一致的。

（4）外部初因事件方面沿海地区是能够覆盖滨河（湖）地区的分析需求，沿海地区需要考虑的外部灾害比滨河（湖）更为广泛，例如，海啸问题滨河（湖）是无需考虑的。

三代核电已有的外部事件清单足以覆盖滨河（湖）核电的清单，由此带来的安全防护设计更是高于滨河（湖）核电的需求。

（5）三代核电最重要特征就是针对严重事故工况设置了一系列有针对性的专有措施。

从设计扩展工况 DEC 的事故分析可以看出，即使假设发生极不可能的堆芯熔化 CDF 及大量放射性释放 LRF，仍然有多样的、可靠的技术手段及工程措施，将放射性物质滞留、隔离、存储在压力容器、安全壳、存储罐池之内，满足我国放射性防护目标。

从实际消除大量放射性角度出发，针对极不可能发生的严重事故场景，我国以"华龙一号""国和一号"为代表的三代大型先进压水堆，从设计上保证了核电厂安全，预防严重事故发生，缓解严重事故后果。

第三章　快堆发展研究

第一节　优势与劣势

一、优势

一是高效利用核燃料。快堆利用高能快中子驱动核裂变反应，相比传统的热中子堆，能更有效地利用核燃料。它们能够将钚、铀-238 等转化为能量，减少核废料的产生量。

二是可利用资源更为丰富。快堆不仅使用天然铀中的铀-238，还可以利用钚和其他长寿命核素。这些核素在传统的热中子堆中通常无法进行有效利用，在快堆中能够延长核燃料资源的可用时间，并减少对天然铀的依赖。

三是减少核废料和放射性。快堆能更充分地燃烧核燃料中的长寿命核素，产生的核废料体积更小，且放射性衰变时间更短，处理和储存核废料的安全性和经济性得到有效改善。

四是核不扩散优势。快堆设计通常需要更高等级、更复杂的核技术，这限制了非国家行为体（如恐怖分子或非授权国家）发展核武器的可能。

二、劣势

一是技术复杂性与成本高。快堆的设计和运行技术复杂，需要特殊的核材料和工程解决方案，增加了建造、维护和运行的成本，快堆相对于传统的热中子堆更昂贵。

二是需建设复杂的闭式燃料循环体系。快堆通常需要复杂的燃料循环系统，包括乏燃料后处理设施、再生燃料制造设施和废物管理设施，不仅增加了运行成本，也增加了系统运行的复杂性。

第二节 主要核能国家快堆发展历史与现状

一、中国

我国快堆技术发展大致分：基础实验阶段，以热功率为 65 MW 实验快堆为工程目标的技术研发阶段（1987—1993 年），中国实验快堆的工程研发和建造阶段（1990—2012 年），以及电功率 600 MW 示范快堆（CFR600）的科研、设计、验证、建造、运行阶段（2013 年至今）。

基础实验。前二机部在北京 194 所组织了约 50 人的科研队伍进行基础研究，重点放在快堆堆芯中子学、热工流体、钠工艺和材料，小型钠设备和仪表。截至 1986 年前，建成了约 12 台套实验装置和钠回路。其中包括一座快中子零功率装置，该装置于 1970 年 6 月 29 日首次临界。

工程技术研发。我国钠冷快堆工程技术的研究阶段为中国实验快堆（CEFR）的设计和建造进行了技术准备。从 1987 年起，钠冷快堆技术发展纳入国家八六三计划，成为该计划能源领域的一个重大项目。八六三计划确定了热功率为 65 MW 实验快堆的工程目标，并为此目标安排了 9 大课题 61 个子课题的预研论证课题。1988—1993 年，中国原子能科学研究院为主持单位，西安交大、清华大学、核工业一院、核工业 404 厂、上海交大、湖南大学、钢铁研究总院、郑州机械研究所作为合作单位，共 500 余人，以该实验快堆为工程目标进行预研论证，重点为快堆设计、钠工艺、材料和燃料以及快堆安全研究，建成 20 余台套装置。

实验快堆。中国实验快堆热功率为 65 MW，电功率为 20 MW。从中国实验快堆项目得到国家批准开始，我国钠冷快堆技术的研发进入了以中国实验快堆工程为直接牵引的工程研究、实验验证、设计和建造阶段。在中国实验快堆工程开始实施后，共开展设计试验验证项目 50 多项。通过 CEFR，我国掌握了快中子装置的反应堆物理特性和相关理论，研究了 MOX 燃料的设计及制造技术并形成了一定的技术基础，全面掌握了核级钠制备、分析等技术。

示范快堆。快中子增殖反应堆按“实验、示范、商用”三个阶段发展。示范快堆是一座额定发电功率 600 MW 的池式钠冷快堆，安全性、可持续性等主要目标基本达到第四代核能系统的指标要求，结合 CEFR 工程经验，并借鉴其他快堆国家的方案，确定了 CFR600 总体技术方案，建设了电功率 600 MW 的示范快堆。

二、俄罗斯

快堆商用化以及闭式燃料循环技术发展和能力建设是建设二元核能体系的核心。二元核能体系是俄罗斯在现有热堆闭式燃料循环的核能工业基础上构建的新蓝图，目标是建立包括热堆、快堆、闭式燃料循环的新型核能工业体系。俄罗斯重点发展钠冷快堆、铅冷快堆，钠冷快堆工程经验更多一些。

俄罗斯是最早发展快堆的国家之一，快堆技术走在世界前列。俄罗斯是目前世界上运行快堆电站数量最多的国家，积累了 140 堆 · 年的快堆运行经验，占世界快堆运行堆年数的 35%。俄罗斯（苏联）总共建成并运行过 5 座快堆，分别是 BR-5/10、BOR-60、BN-350、BN-600 及 BN-800。各堆型主要技术参数如表 3-1，图 3-1 所示。

表 3-1 快堆型号主要技术参数

	BR-5/10	BOR-60	BN-350	BN-600	BN-800	BN-1200	BREST-OD-300
规模	实验堆	实验堆	原型堆	原型堆	商用堆	商用堆	
临界时间	1958	1968	1972	1980	2014	—	—
目前状态	已关闭	运行中	已关闭	运行中	运行中	设计阶段	建设阶段
热功率/MW	8	55	750	1470	2100	2800	700
电功率/MW	—	12	130	600	880	1220	300

续表

	BR-5/10	BOR-60	BN-350	BN-600	BN-800	BN-1200	BREST-OD-300
一回路布置	回路式	回路式	回路式	池式	池式	池式	池式
燃料	UN	UO_2，MOX	UO_2	UO_2	MOX	MOX，氧化物	氮化物
堆芯进口钠温/℃	350	310～330	280	365	354	410	420
堆芯出口钠温/℃	470	530	430	535	547	550	540
出口蒸汽温度/℃	—	430	410	505	490	510	520
蒸汽压力/MPa	—	8	4.5	13.2	13.7	17.0	

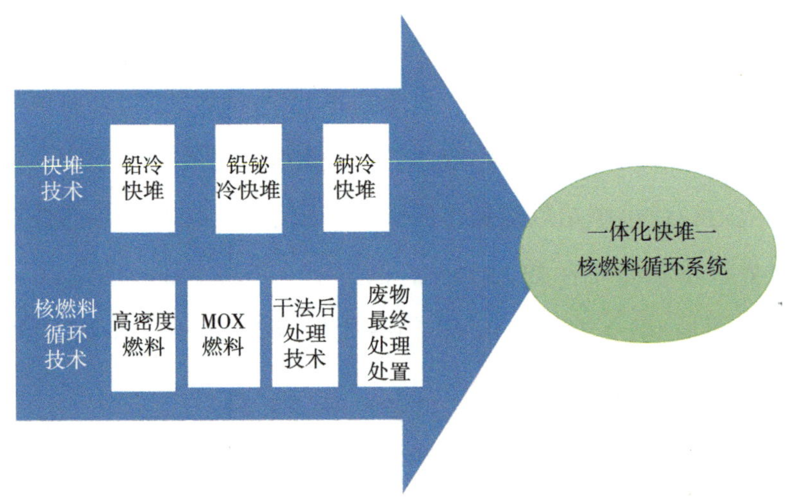

图 3-1　俄罗斯核能技术中期战略示意图

正逐步实现钠冷快堆及配套燃料循环商业化。俄罗斯有 50 多年的钠冷快堆发展历史，历经实验堆、原型堆和商用堆等多个阶段，反应堆材料、设备、运行等基本问题已经解决，当前重点是通过 BN-800 掌握 MOX 燃料闭式循环。正在设计的 BN-1200 目标是能够与其他反应堆堆型和化石燃料发电机组相比，具有竞争力；在任何可能的事故下都不需要采取措施，保护核电厂边界外的公众；混合氧化物燃料增殖比达到 1.2，然后再提升到 1.3～1.35；建设周期不超过 4 年；首堆启动建设后 2～3 年，具备批量化建造的条件。2014 年完成基本设计，2017 年启动型号改进工作（又称 BN-1200M），并将别洛亚尔斯克核电厂 5 号机组 BN-1200 列入 2035 年前建设计划。如图 3-2 所示。

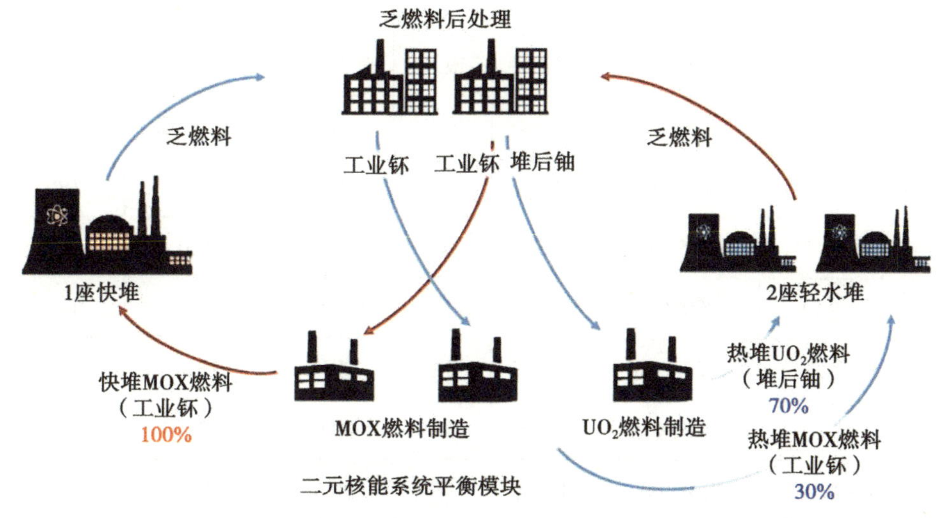

图 3-2　俄罗斯二元核能体系示意图

正在建设一体化铅冷快堆核能系统示范工程。2010 年，俄罗斯启动“突破”项目，聚焦建设 BREST-OD-300 铅冷快堆以及配套闭式燃料循环设施构成的“中试示范能源综合体”。BREST-OD-300 铅冷快堆功率700 MWt，功率 300 MWe，采用铀钚氮化物燃料，反应堆设计寿命 30 年。2021 年 6 月启动建设，预计 2026 年投入运行。该堆建设得益于俄罗斯 20 世纪 50 年代到 80 年代潜艇铅铋反应堆建造运行经验。铅冷快堆的下一步发展方向是建设 BR-1200 大型铅冷快堆。BR-1200 已形成概念设计。

三、美国

持续开展快堆核能系统研发但尚未商业化。美国从 20 世纪 40 年代便开始了对快堆技术的研究，是最早开始研究快堆技术的国家。从世界上第一座快堆 Clementine 开始，先后建成并运行 7 座快堆。美国快堆技术经历超过半个世纪的发展，在快堆技术领域积累了大量宝贵经验。美国多座快堆主要参数见表 3-2。

表 3-2 快堆型号的主要技术参数

堆名	热/电功率/MW	一回路布置	冷却剂	燃料	临界时间	关闭时间
Clementine（E*）	0.025/0	回路式	银汞	Pu	1946.11	1952
EBR-Ⅰ（E*）	1.2/0.2	回路式	NaK	U	1951.12	1963
LAMPRE（E*）	1.0/0	回路式	钠	Pu	1961	1965
EBR-Ⅱ（E*）	62.5/20	池式	钠	U-Zr 合金	1961	1998
Fermi（E*）	200/61	回路式	钠	U 合金	1963	1975
SEFOR（E*）	20/0	回路式	钠	MOX	1969	1972
FFTF（E*）	400/0	回路式	钠	MOX	1980	2001
CRBR（P*）	975/380	回路式	钠	MOX	1983.10 终止计划	
ALMR（P/D*）	840/303	池式	钠	U-Pu-Zr	1994.9 终止计划	

注：*标记处 E 表示实验快堆，P 代表原型快堆，D 代表示范快堆或商用快堆。

从 20 世纪 90 年代开始，出于能源需求增长缓慢、防止核扩散等多种原因，美国的建堆工作中途停止，但其对快堆技术的研究却一直在进行。美国 GNEP 计划中对 600 MWe 先进焚烧快堆 ABR 进行过研究，当前美国的在研快堆主要包括通用公司的 138 MWe 模块式快堆 PRISM、Terrapower 公司的 600 MWe 长换料周期行波堆 TWR-P 等。同时 Terrapower 公司正在美国能源部（DOE）的支持下开展钠冷快堆 Natrium 的研发工作，并于 2021 年 11 月宣布选择怀俄明州的 Kemmerer 作为 Natrium 核电示范项目的首选地点，该项目配备电功率 345 MW 钠冷快堆和基于熔盐的储能系统。存储技术可以在需要时将系统的输出电功率提高到 500 MW。2021 年初，美国能源部核能办公室《核能发展战略愿景》中指出钠冷快堆、铅基快堆可在更高温度和更低压力下运行，是未来核能技术研发方向之一。为了解决美国改进型反应堆商业化研发能力缺口，核能办公室正在开发多功能实验反应堆（VTR），已制定出时间表和资金概算，确保 2026 年之前投入运营。多功能试验反应堆即为钠冷快堆，用于加速先进核技术的测试。如图 3-3 所示。

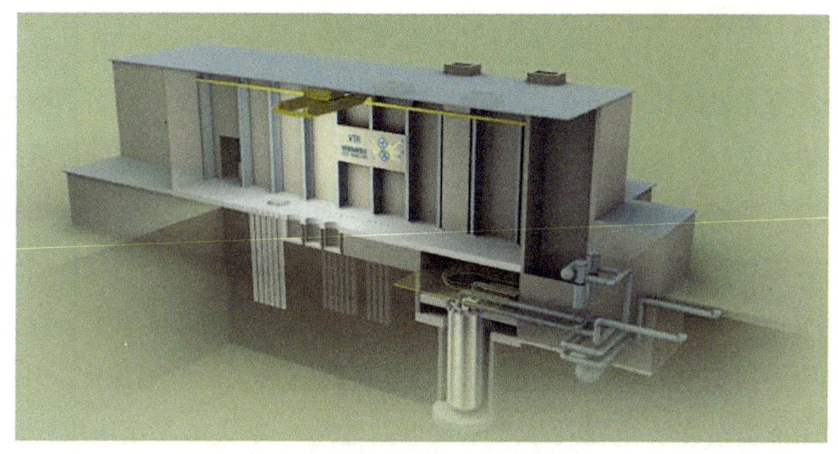

图 3-3　美国多功能实验反应堆 VTR

干法后处理技术达世界领先水平。美国是世界上最早建成军用和商业后处理厂的国家。虽然由于政治原因，美国停止了商业后处理活动，但从未停止过乏燃料后处理技术的研究，后处理科研水平一直保持世界领先水平，美国保留了一座军用后处理设施的运行能力，2016 年 8 月在萨凡纳河后处理厂重启了研究堆乏燃料后处理工作，分离出的高浓铀，经低浓化后制成燃料用于核电厂。

很早开展一体化快堆研发。美国阿贡国家实验室从 20 世纪 50 年代就开始研究干法后处理技术，经过多年的研究，于 1984 年提出了包括快堆、燃料循环与废物管理在内的一体化快堆（IFR）的概念，其发展经历了两个阶段，第一阶段的 EBR-Ⅰ为实验快堆，主要是评估了增殖燃料的物理特性，实现了为设施自身提供电力。第二阶段为示范快堆 EBR-Ⅱ，热功率为 62.5 MW，在 1963—1994 年运行，示范了一个干法后处理、金属燃料制造与快堆同场址的一体化钠冷快堆核电厂，其定位为 IFR 原型堆，为美国 IFR 项目奠定基础。为保持全球燃料循环技术领导地位，2020 年美国能源部发布了《恢复美国核能竞争优势》报告提出：美国将保持世界级研发能力，大力推进先进反应堆及其配套燃料循环技术的发展。

四、法国

开发更先进的快中子增殖堆。法国原子能委员会开展了快中子增殖堆的研发，快中子反应堆为压水堆核电站乏燃料后处理产生的一些同位素提供可能的用途，能够高效利用铀的能量潜力，以实现闭式燃料循环。1966 年 1 月，法国第一座钠冷快堆“狂想曲（Rapsodie）”达到临界，在 1967 年 8 月至 1970 年 2 月间，反应堆运行状态良好，并完成了 13 项辐照实验，验证了钠冷快堆的安全性和可靠性，以及核燃料所能达到的燃耗深度。1968 年，法国原子能委员会决定在马尔库尔核电站建造一座快中子反应堆，即“凤凰快堆（Phénix）”，使用液态金属钠作为冷却剂。该反应堆于 1973 年接入电网，一直运行至 2010 年。该原型堆的装机容量为 250 MWe，该堆的成功运行表明建设工业规模的快中子反应堆具备可行性，也印证了法电公司和法国原子能委员会在快中子反应堆方面的设计运营能力。凤凰快堆建成提升了法国快堆技术研发进程，使法国在该领域保持了长达 35 年的全球领先地位。在第四代核能发展计划中，法国开始对一项新的快中子反应堆型号开展研究，即由法国原子能委员会实施的法国先进钠冷技术工业示范堆（ASTRID）项目。虽然该项目于 2019 年暂停，但法国科研机构仍在开展钠冷快中子反应堆技术研究以及闭式燃料循环技术的研发。

闭式燃料循环经历了从快堆循环到压水堆循环暂时性政策转变。作为核武器计划的一部分，法国在 1958 年开始进行大规模的军用钚生产。随着钚燃料快中子增殖反应堆的概念产生，法国 1976 年作出了建造商业规模电功率

1250 MW 的欧洲超级凤凰号快中子增殖反应堆的决定，并通过后处理为快中子堆提供钚，即法国最初的闭式燃料循环战略是“后处理+快堆 MOX”路线。但是由于快中子增殖反应堆未能按计划实现商业化，法国暂停其快堆计划。然而法国并没有放弃后处理研究，为了消耗掉累积的大量钚，法国不得已调整了核燃料循环策略，转向在热堆中燃烧后处理产生的铀、钚，并于 1987 年首次在轻水堆中使用 MOX 燃料，即法国将闭式循环过渡到钚在轻水堆中再循环。随后，法国批准了 22 台电功率 900 MW 轻水堆核电机组使用 MOX 燃料。目前法国电功率 900 MW 的机组即将退役，因此也将批准在电功率 1300 MW 的反应堆中使用 MOX 燃料。2024 年，法国新版《国家低碳战略》和《多年期能源规划》指出继续实施闭式燃料循环战略，目标是在 2026 年前完成核燃料循环后段设施更新，并决定 2040 年后的核燃料循环未来；实施核燃料多次循环战略并发展快堆，开展核燃料在压水堆多次循环研究，并为在 21 世纪末前部署快堆做好准备。

五、韩国

韩国新一代核能系统研发主要集中于钠冷快堆技术数据库获取及支持后段核燃料循环设计方案。韩国原子能研究院提议开发池式钠冷快堆，为了验证钠冷快堆技术及安全验证，韩国建造了一座完整的钠冷快堆试验设施 STELLA-2，并向核安全与安保委员会提交了 10 份关键设计技术和安全专题报告，此外在国际核能合作框架中得到美国的支持。

六、日本

日本快堆发展采用“三步走”路线：第一步是实验堆常阳（JOYO）；第二步是原型快堆文殊（MONJU），目前已开始退役；第三步是商用钠冷快堆（JSFR）。常阳堆是日本设计建造的第一座快中子反应堆，于 1977 年 4 月 24 日首次达到临界。1984 年在常阳堆内成功实现了对乏燃料中钚的回收利用，验证了核燃料循环的可行性。文殊堆是日本的第一座原型快堆，于

1994 年 4 月到达临界，并于次年 8 月实现 40%功率水平发电。但在同年 12 月 8 日，文殊堆出现了二回路钠泄漏事故，漏钠约 670 kg，并引起钠火，之后被暂停运行。直到 2005 年，日本最高法院批准了文殊堆的重启运行申请。2010 年 5 月，文殊堆开始了系统重新启动测试。2010 年 8 月，堆内转运机又发生了故障，日本已决定对文殊堆进行退役。以嬗变次锕系元素（MA）为主要目的，日本正在研发电功率 1500 MW 的大型商用快堆 JSFR。该堆采用日本快中子反应堆技术，具有较高的固有安全性。如表 3-3 所示。

表 3-3　主要技术参数

参数	Joyo	Monju
热功率/MW	140	714
电功率/MW	—	280
一回路布置	回路式	回路式
燃料	MOX	MOX
堆芯入口温度/℃	350	397
堆芯出口温度/℃	500	529
出口蒸汽温度/℃	—	487
蒸汽压力/MPa	—	12. 5

七、印度

印度的“三阶段”核能计划旨在通过使用钍资源，确保印度能源独立。第二阶段的主要任务是以重水堆产生的钚为易裂变燃料，生产铀-233。具体途径是发展快中子增殖堆，燃烧第一阶段产生的钚，在发电的同时将燃料增殖层中的铀-238 和钍-232 转变成钚-239 和铀-233。如图 3-4 所示。

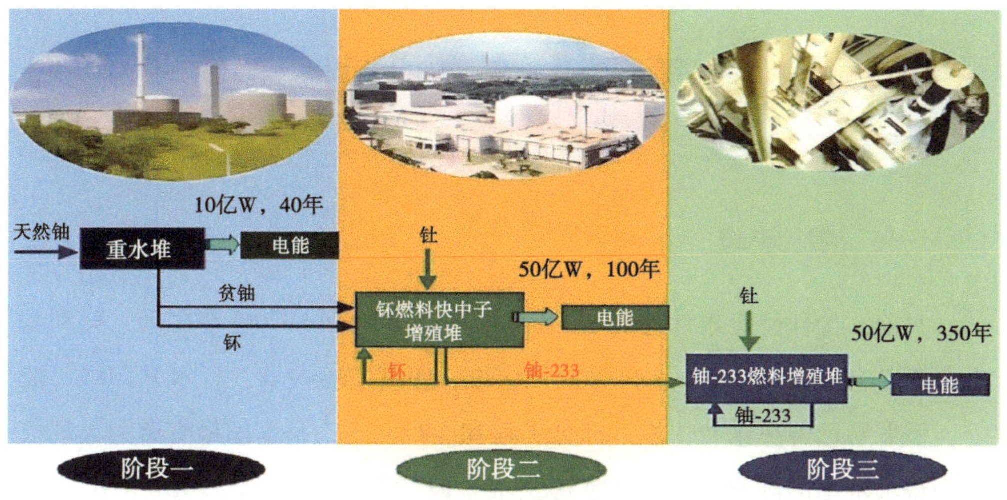

图 3-4　印度核能“三个阶段”发展战略

积极推进钠冷快堆研发但存在一定拖期。1985 年，实验快堆 FBTR 首次达到临界，2022 年 3 月首次实现满功率运行。原型快堆 PFBR 功率 1250 MWt，功率 500 MWe，采用池式设计，自 2003 年启动土建，2014 年完成建造后，调试时间延迟。2024 年启动装料。印度计划 PFBR 建成后，再建设 6 座 500 MWe 快堆。

开展金属燃料熔盐电解精炼技术和氧化物燃料的氧化物电沉积技术的研究。在熔盐电解精炼技术方面，印度基于实验室规模研究的经验，建设了干法后处理示范设施，进行了氧化物燃料还原技术的初步试验，现已对千克级铀熔盐电解精炼技术进行了验证，未来将进行十千克级试验。在氧化物电沉积技术方面，印度正尝试利用 $MgCl_2$-NaCl-KCl 熔盐体系代替俄罗斯 DDP 流程的熔盐体系。

第三节　主要堆型

一、钠冷快堆

目前，全球已经累计建成 30 余座快堆，其中有 5 座快堆在运，分别是俄罗斯 BOR-60、BN-600、BN-800 反应堆，印度实验快堆，日本常阳堆。此外，俄罗斯已解决钠冷快堆大部分工程和运行问题，是掌握最有潜力大规模应用快堆堆型的国家。美国已掌握快堆金属燃料制造技术。2024 年 6 月 10 日，美国钠冷快堆 Natrium 示范项目动工，启动非核部分建设。

我国快堆发展始于 20 世纪 60 年代，中国实验快堆工程项目于 2000 年开工建造，2010 年 7 月实现首次临界，2011 年 7 月实现并网发电，建成了功率 65 MWt、功率 20 MWe 的中国实验快堆，为快堆电厂的设计、建造、运行积累了宝贵工程经验。2017 年，我国开工建设示范快堆，进一步验证了快堆的技术可行性与安全性，为下一步大型商用快堆的建设奠定了基础。

二、铅基快堆

铅基堆是第四代堆研发热点方向，主要有铅铋快堆、铅冷快堆。俄罗斯已重启铅铋核动力的研发，并正在推动 SVBR 铅铋核电站的工程应用，完成了 BREST 铅冷堆研发设计；欧洲开展了大型铅冷堆核电站 ELSY 及其原型堆的研发，主要包括设计、设备研制及相关试验；美国针对小型可移动核电源与核电站分别提出了 STAR 和 DLFR 系列铅冷堆概念；日韩也开展了铅铋堆相关概念设计。

国内涉核单位铅铋堆研发活跃。中国核动力研究设计院完成了百万兆瓦级工程试验堆方案论证及总体技术方案设计，同时完成了模块化铅铋堆核电概念设计。中国原子能科学研究院针对车载移动式、陆上固定式和深海空间站开展了兆瓦级铅铋堆核电源型号研发，建成小型移动式铅铋堆核电源非核集成测试装置。中科院合肥所提出了核电宝、Clear10/100等系列铅铋堆概念。中科院正在牵头开展电功率10 MW的ADS建设。中广核集团建成了一批铅铋实验设施，完成了主泵、包壳管材等关键设备、材料的研制，提出了CLFR10/100/300等型号。国电投集团开展了BLESS铅铋堆概念设计。

三、气冷快堆

早在冷战时期，美国、苏联就已开发出多个系列和型号的可移动微型核电源。美国陆军主导了5个电功率在1 MW～10 MW的可移动微型反应堆，因当时技术条件限制，出于经济性和安全性的考虑，这些反应堆逐步退役。2019年，美国启动“贝利”计划，并于2023年分别由能源部核能办公室以及美国国防部战略能力办公室与X能源公司签署了气冷微堆研发合同。中核集团开展了气冷快堆概念设计及关键实验研究，与国内有关企业、高校协同进行关键设备研发。

第四节 重点机型技术特征

一、MOX-CFR1000

中国的百万千瓦级MOX燃料型商用快堆（MOX-CFR1000）是快堆从示范规模向高级自持循环转型的进一步产能提升和技术验证的过渡阶段，示范快堆到MOX燃料型商用快堆，在技术上是继承与发展的关系。MOX燃料商用快堆基于示范快堆已有的成熟技术和经验反馈，主要以增加一个环路的方式提升功率至百万千瓦级，通过优化设计将建造成本降低到可接受水平。主要目标是实现快堆商业化的经济、安全、环保等方面的验证。

MOX-CFR1000反应堆为百万千瓦级池式钠冷快堆，采用四环路设计，单环路能力 700 MWt，反应堆额定功率 2800 MWt，功率预计 1200 MWe，采用 MOX 燃料。如表 3-4 所示。

表 3-4　主要技术参数

指标名称	参数
热功率/MW	2800
电功率/MW	1200
燃料类型	MOX
增殖比	1.2
最大燃耗/（MWd/tHM）	98 000
换料周期/天	312
MOX 乏燃料中 U/Pu 含量	75.2%/18.0%

二、CiFR1000

中国一体化快堆核能系统中的反应堆为百万千瓦级池式钠冷快堆，功率约为 2800 MWt，功率约为 1200 MWe，发电效率大于 40%，主工艺系统采用钠-钠-水三回路设计，每个反应堆设置一台发电机组，采用 U-TRU-Zr 金属燃料。

堆本体中的主要设备和构件包括：堆芯及各类组件、堆容器、堆内构件、一回路主循环泵、中间热交换器（IHX）等。堆本体及一回路主冷却系统由 4 条并联的环路组成，系统中钠的热量通过中间热交换器传给二回路主冷却系统的液态金属钠，再由二回路系统将热量传给三回路系统，推动汽轮机发电。

一回路采用池式布置，主要设备和构件都安装在主容器钠池内。同时在主容器外设置保护容器，从根本上消除反应堆丧失冷却剂事故；在主容器内设置一体式非能动余热排出系统，确保事故工况下堆芯余热的导出；在主容器底部设置有堆芯熔化捕集器，确保在堆芯熔化的严重事故情况下主容器的完整性；安全性符合第四代核电技术的要求，消除了放射性物质向环境大规模释放的可能性。反应堆蒸汽—动力转换系统采用过热蒸汽循环。设计中采用少模块蒸汽发生器，在兼顾经济性的同时提高反应堆的可用率。如表 3-5 所示。

表 3-5　主要技术参数

指标名称	参数
热功率/MW	2800
电功率/MW	1200
热效率/%	>40
燃料类型	金属燃料
最大燃耗/（MWd/tHM）	>150 000
换料周期/天	>12 个月
堆芯损坏频率	<1×10^{-6}/（堆·年）$^{-1}$
大量放射性物质释放频率	<1×10^{-8}/（堆·年）$^{-1}$

三、BN-600

俄罗斯 BN-600 是池式钠冷快堆，有 3 个回路，其中一回路和二回路均是钠回路，三回路是水和蒸汽回路。热量通过每个环路上的 2 个“钠-钠”中间热交换器从一回路传递到二回路，再通过模块式蒸汽发生器从二回路传递到三回路的蒸汽/水介质。

一回路采用一体化池式结构设计，堆芯、辐射、屏蔽、主泵、中间热交换器和管道都浸没在一个液态钠池容器中。冷却剂通过 3 个平行的环路循环，每个环路包括 2 个热交换器和 1 个立式浸入式离心主泵。每个主泵流量约 10 000 m^3/h，位于热交换器之后的冷池部分，以满足其运行的温度条件。380 ℃的液态钠由主泵供给压力集管，再分配到堆芯燃料组件的周围以及径向增殖区。部分冷却剂（约 1000 m^3/h）用于冷却反应堆容器、乏燃料贮存区和堆内屏蔽。流过平均温度 550 ℃的燃料组件，液态钠进入反应堆上部的 6 个中间热交换器。如表 3-6 所示。

表 3-6　主要技术参数

指标名称	参数
额定功率（热/电）/MW	1470/600
效率（总/净）/%	42.5/40.0
利用因子	0.77～0.8
服役寿命/年	30（40）
循环长度，EFPD	120～170
燃耗/（GW·d/t）	74
堆芯严重损害频率/（堆·年）$^{-1}$	10^{-5}
反应堆厂房比体积/（m^3/MWe）	1150
反应堆装置比金属用量/（t/MWe）	13.0

四、BN-800

BN-800 是 BN-600 的进化设计，最大程度地沿用 BN-600 的技术和方案，同时 BN-600 的运行经验也确保了 BN-800 能够实施技术改进以提高机组的安全性和运行效率。BN-800 相对于 BN-600 主要的改进和变化包括：每个机组采用一个汽轮机，蒸汽再加热取代钠的再加热，采用余热排出系统通过钠–空气热交换器排出热量，设置堆芯补给器捕集堆芯熔融物，堆芯上方设置钠空间降低钠的空泡反应性效应，采用非能动停堆系统。

BN-800 为三回路设计（与 BN-600 相同），其中主回路和二回路系统的流体是液态钠冷却剂，三回路是水汽流体。

一回路采用一体化设计。堆芯、冷却剂泵、主要的主回路冷却剂压力管道、中间热交换器和堆内屏蔽都被包容在主容器内，主容器顶部为安装热交换器和主泵留有 6 个开口。一回路冷却剂流过 3 个并行内置环路，每个环路包括 2 台中间热交换器、1 个浸没式双吸离心循环泵和压力管，主泵上安装了逆止阀。反应堆堆芯和径向屏蔽层由六角形燃料组件和屏蔽层组件构成。

反应堆容器是一个底部为螺旋锥面式球形、顶部为圆锥形的圆柱容器。容器底部的锥形部分和球形部分通过支承环连接。在支承环内部为支承裙，支承裙承载来自堆芯栅板中的燃料组件、中子反射层、侧部和下部的屏蔽层、热挡板、6 个中间热交换器和 3 个主泵的重量。主泵和热交换器安装在柱形套管内，柱形套管与堆内构件相连。堆芯屏蔽层由钢型围筒、钢型面板和石黑管组成。主容器外为保护容器，2 个主容器间的温差效应通过波纹管和环形膨胀节来调节。堆容器顶部支撑大、中、小旋转屏蔽塞，用于换料机构对燃料组件的定位，同时也作为堆芯上部屏蔽层。通过一体化的机械系统实现燃料组件的装卸，该系统包括装在小旋塞上的换料机构、2 个提升机，1 个装在密封间的换料机构和 2 个分别用于新燃料，乏燃料的贮存桶。

BN-800 堆芯在尺寸和机械结构上与 BN-600 非常相似，但是燃料配置不同。BN-600 使用中等富集度的 UO_2燃料，BN-800 则使用 MOX 燃料，以消化俄罗斯大量储存的武器级钚和核电厂乏燃料后处理回收钚。如表 3-7 所示。

表 3-7 主要技术参数

指标名称	参数
额定功率（热/电）/MW	2100/885
效率（总/净）/%	41.9/38.8
利用因子	0.85
服役寿命/年	45
循环长度，EFPD	155
燃耗/（GW·d/t）	66
堆芯严重损害频率/（堆·年）$^{-1}$	1.2×10^{-6}
反应堆厂房比体积/（m^3/MWe）	766
反应堆装置比金属用量/（t/MWe）	9.7

五、BN-1200

BN-1200 是在 BN-600 和 BN-800 钠冷快堆的基础上设计的新型液态钠冷快中子反应堆，继承了前期型号的设计经验和优势，功率 1220 MWe。其基本参数如表 3-8 所示。

表 3-8　主要技术参数

指标名称	参数
额定功率（热/电）/MW	2800/1220
效率（总/净）/%	436. 6/40. 5
利用因子	0. 9
服役寿命/年	60
循环长度，EFPD	330
燃耗/（GW·d/t）	90
堆芯严重损害频率/（堆·年）$^{-1}$	5×10^{-7}
反应堆厂房比体积/（m^3/MWe）	328
反应堆装置比金属用量/（t/MWe）	4. 7

BN-1200 反应堆正处于设计阶段，燃料成分及结构仍未最终确定。俄罗斯无机材料研究院对 BN-1200 反应堆的几种燃料组件方案进行选型研究，提出了 3 种组件选型方案：

1）芯块法 MOX 燃料组件（芯块型燃料（U+Pu）O_2）。

2）振动密实法 MOX 燃料组件（振动密实型燃料，93%（U+Pu）O_2+7%U 天然金属）。

3）氮化物燃料组件（具有高含量钚同位素的再生芯块型燃料（U+Pu）N）。

选择前两种燃料组件方案是为了充分利用 BN-800 反应堆燃料的设计经验。目前 BN-800 反应堆所需的两种 MOX 燃料组件已完成首批交付。MOX 燃料能较充分利用乏燃料后处理中的钚元素，有利于提高铀资源利用率，有利于保护环境和防止核扩散。选择氮化物燃料方案的理由是，俄罗斯“突破”项目计划在 BN-1200 和 BREST（铅冷快堆）上使用更加先进和安全的氮化物燃料。

俄研究机构计算了 3 种燃料的增殖系数、燃耗深度、经济性和反应性效应等核物理参数，氮化物燃料的优势可量化为：在堆内的停留时间增加 12%，燃料燃耗深度增加 2%，增值系数增加 9%。这些优势可以保证燃料更有效地被利用。初步认为，使用氮化物燃料是 BN-1200 反应堆的优选。

六、Phenix

法国凤凰快堆通过设置安全棒、补偿棒、调节棒以及非能动棒来控制反应性，应对快堆的温度反应性、功率反应性和燃耗反应性，其反应性控制主要利用氮化硼作为材料的控制棒，并通过电磁离合器及机械结构实现物理界面的变化，以控制反应的速度和功率。

凤凰快堆设计中包含了两套独立的停堆系统以实现双重保障，第一套系统主要运用安全棒，第二套则结合补偿棒和调节棒，各自独立工作并有对应的控制接口机制。

凤凰快堆的功率为 250 MWt，功率为 60 MWe。

七、Super-Phenix

法国超凤凰快堆基于凤凰快堆设计，为池式钠冷快堆，整个一回路设备包括堆芯、4 台主泵以及 8 台中间热交换器都浸泡在一回路冷却剂中。超凤凰为四环路吊式主容器设计，主容器直径 21 m，主容器内部高度 17.3 m。厂房采用了对称布置的 4 台蒸汽发生器，两个汽轮机。

超凤凰堆的堆芯装载 364 个燃料组件，各燃料组件有 271 根燃料棒，每根燃料棒内填充铀钚混合氧化物燃料芯块，上部和下部为贫铀反射层。燃料组件外围由 3 层增殖组件包围，增殖组件设计与燃料组件相同，仅在包壳管中填充贫铀，增殖层外围为不锈钢中子屏蔽。

主容器内钠自由液面之上覆盖有氩气，由堆顶造板覆盖。堆顶盖板为薄壁箱式结构，中间填充混凝土，堆顶盖板承受一回路所有的系统结构和部件重量；同时，还为在堆顶进行例行维护的人员提供中子屏蔽。堆芯盖板中部是旋转屏蔽塞，其上装有换料装置以及控制棒驱动机构。主容器外是保护容器，保护容器也由堆顶盖板支撑并与堆顶防护罩相连。堆顶防护罩能够承受180 ℃温度下 3 bar 的压力。保护容器和堆顶防护罩共同组成了一回路安全壳边界，反应堆厂房的预应力混凝土结构组成了二次边界。

堆芯产生的热量通过一回路的 8 台中间热交换器传递到 4 个环路，4 个环路为反应堆厂房外蒸汽发生器提供蒸汽。蒸汽使 620 MW 的蒸汽发电机产生 3000 r/min 的转速。

第四章　闭式燃料循环发展研究

核电是世界能源供应的三大支柱之一。随着核电事业的发展，从核反应堆内卸出的乏燃料数量日益增多，目前全球每年从反应堆中卸出大约 10 500 t 乏燃料。截至 2021 年底，全球累计产生的乏燃料约 44 万 t，其中约有 10 万余 t 进行了后处理，占比 22%，其余约 78%的乏燃料都贮存在水池或干法贮存设施中。

国际上有三种乏燃料管理政策：一是闭式循环政策，中国、法国、英国、日本、俄罗斯等拥有大规模核能计划的国家，将乏燃料作为一种宝贵资源，对其进行后处理，回收铀和钚用于制造新的燃料元件；二是开式循环政策（也称“一次通过”），将乏燃料视为高放废物，直接进行深地质处置，如瑞典、芬兰等；三是观望政策，将乏燃料长期暂存，待时机成熟再做决定，如西班牙、韩国等。美国属于特例，目前将乏燃料按高放废物政策执行，但随政局更迭，存在着较高的政策摇摆性。

第一节 国际发展

一、俄罗斯

（一）乏燃料管理采取后处理+中间贮存策略，快堆技术全球领先

俄罗斯始终坚持闭式燃料循环政策，对乏燃料进行后处理，回收铀、钚进行循环利用，其长期核燃料循环策略是到 2030 年初步建成铀-钚闭式燃料循环。

目前，俄罗斯产生的乏燃料中只有约 16%（来自 VVER-440、BN-600 以及研究堆和海军反应堆）在唯一在运的马雅克后处理厂 RT1 处理，绝大部分的乏燃料（RBMK 和 VVER-1000）处于在堆贮存状态。RT1 后处理厂于 2003 年后进行了多次升级改造，改造后的 RT1 后处理厂可对多种堆型（包

括快堆）的乏燃料进行后处理，包括 VVER-1000 压水堆、RBMK 石墨慢化水冷堆破损燃料和 MOX 燃料等。RT1 后处理厂的处理能力也从 400 t/a 提高到 500 t/a，但实际年处理量仅为 100~130 t/a，已处理超过6500 t 乏燃料（主要为 VVER-400 压水堆核电站乏燃料）；其中包括从 7 个国家（芬兰、德国、乌克兰等）返回的 2400 t 乏燃料；RT1 后处理厂三条工艺线中有一条专用于快堆乏燃料后处理，到 2019 年总处理量超过 500 t。目前，RT-1 后处理厂正在对 MOX 乏燃料后处理技术进行改进，预计 2026 年具备处理 BN-800 的 MOX 乏燃料的条件。

为了更经济、更环保地解决乏燃料处理问题，俄罗斯于 2011 年开始在克拉斯诺亚尔斯克矿化厂区建造后处理试验示范中心（PDC）：一期工程为 5 t/a 的科研热室，于 2019 年开始运行；二期工程为 250 t/a 的示范厂，原定 2019 年投运，现已推迟，计划于 2025 年运行。该示范中心采用首端氧化挥发法的铀钚纯化处理技术和镅、锔的分离等先进技术，能在高温化学部分除去乏燃料中的气体以及易挥发裂变产物，并结合新的放射性废物管理流程，可不排放放射性废液，同时大幅减少放射性固体废物的产生。PDC 初期处理 VVER-1000 乏燃料，后续处理快堆乏燃料，并可用于演示使用 REMIX 燃料运行的热中子反应堆的闭式燃料循环以及生产 MOX 燃料。

近年来，俄罗斯增加了乏燃料贮存设施，目的是建设包含大型后处理厂的国际核燃料循环综合中心。俄罗斯在马雅克和克拉斯诺亚尔斯克矿化厂区建有集中贮存设施。根据俄罗斯基本的乏燃料管理规划，俄罗斯还在克拉斯诺亚尔斯克矿化厂区建设了乏燃料干法贮存设施。

俄罗斯拥有快堆技术优势。BN-600 从 1980 年运行至今，延寿到 2025 年。BN-800 于 2016 年开始商运，2020 年实现了 82%的容量因子，目前已实现全堆芯应用 MOX 燃料。BN-800 除了在反应堆工程技术和燃料方面发挥验证作用外，还承担了为 BN-1200 示范堆提供技术参考方案以及验证快堆具有经济性等作用。BREST-OD-300 铅冷快堆作为国家“突破”计划的重要部分，也是俄罗斯正在研制的新一代创新型快堆，2021 年 6 月启动反应堆建造，计划 2026 年建成。俄罗斯下一步将发展 BN-1200M 商用快堆，研发目标是提升钠冷快堆发电的竞争力和安全性，一方面最大程度采用 BN-350、BN-600 和 BN-800 的技术成果；另一方面采取了提高安全性、费效比和燃料利用效率的新技术。2022 年 1 月，俄罗斯表示计划在 2035 年底前建成一座 BN-1200 钠冷快堆。此外，俄罗斯还在推进多用途钠冷快中子研究堆（MBIR）的建设工作，原计划于 2024 年完成建造并实现临界，并在 2025 年投入材料辐照考验工作。多用途钠冷快中子研究堆将主要用于为第四代核能系统的新型材料和堆芯部件做堆内辐照考验。

在乏燃料后处理、再循环燃料制造与使用方面，目前，通过 RT1 后处理厂对乏燃料进行后处理，RT1 后处理厂预计在 2030 年关闭，年后处理能力为 1500 t 的 RT2 后处理厂将于 2025 年投运（预计推迟），将后处理回收的铀和钚制成 MOX 燃料用于快堆。未来将制造用于轻水堆的 MOX 燃料（REMIX），实现热堆与快堆二元闭合循环。

（二）实施闭式燃料循环国家“突破”计划

作为“2010—2020 新一代核电技术”目标计划（FTP）的组成部分，俄罗斯 2010 年启动了“突破”计划（Proryv Project），旨在实现闭式燃料循环、降低放射性废物活性、降低快堆的投资成本、提高核电装机占比。计划的成功实施将助力俄罗斯实现“2050 年核能发电占比达到 45%～50%，2100 年前核能发电占比 70%～80%”的长期战略目标，推动俄罗斯核能大规模发展。

2014 年俄政府批准了中试示范能源综合体（PDPC）项目，PDPC 包括 3 个模块：一是铀钚氮化物混合燃料（MNUP）制造模块，原计划于 2023 年运行；二是 BREST-OD-300 铅冷快堆模块，使用高密度氮化物燃料，计划 2026 年建成；三是乏燃料后处理模块（2024 年开始建造）。MNUP 燃料来自再循环的钚和贫铀，此燃料已从 2015 年开始在 BN-600 反应堆中进行了测试，截至 2020 年底，已在西伯利亚化学联合体生产了 1000 个 MNUP 燃料棒。

“突破”计划考虑了快堆乏燃料后处理 3 种技术：水法、高温化学法和复合后处理技术。目前已确认选择“干法+水法”的复合后处理工艺，用于氮化物乏燃料后处理。后处理设施处理能力为 5 t/a，原计划于 2024 年启动建造，预计 2028 年建成。该处理流程首先对氮化物乏燃料进行预氧化，去除挥发性裂变产物，然后进行高温电化学处理，实现可裂变材料的初步提纯，获得 U-Pu-Np 的合金，随后再用水法萃取技术进行铀钚纯化处理和镅、锔的分离。

俄罗斯原构想 2020—2025 年加快快堆建设节奏，到 2030 年快堆预计达到 14 GWe，到 2050 年快堆预计达到 34 GWe。2050 年以前实现规模化的快堆发电和 MOX 燃料（或氮化物燃料）的闭式燃料循环。

二、法国

（一）积累了丰富的热堆循环商业经验

法国是闭式燃料循环政策最坚定的国家之一，将闭式燃料循环的战略目标确定为处理乏燃料，并在快堆中循环利用钚。

与其他核电发达国家类似，法国最初的闭式燃料循环策略是通过后处理将乏燃料中的钚提取出来，制成 MOX 燃料在快堆中循环使用。因此，在建设大型后处理设施的同时，法国于 1967 年投运了实验快堆“狂想曲”；1973 年投运了“凤凰”快堆，1976 年又决定建设“超凤凰”快堆，当时的预计是到 2000 年“超凤凰”快堆型号将投入大规模应用。20 世纪 80 年代，国际天然铀价格下降，核燃料循环后段价格上升，法国快堆的研发与运行安全挫折不断，再加之受到当时快堆技术、工程条件和经济性（与热堆核电站相比）的限制，法国快堆商用化的进程推迟。为了消耗掉积累的大量钚，使回收的工业钚得到利用，法国被迫调整核燃料循环策略，转向在热堆中使用后处理钚。

法国先后建成过 UP1、UP2 和 UP3 后处理厂，目前在运的 UP2-800 和

UP3 位于阿格后处理中心。阿格后处理中心位于法国西北部大西洋岸边的科坦丁半岛，占地 3 km^2，是法国商用后处理基地，也是目前世界上最大的轻水堆乏燃料后处理中心，其最主要的两座设施就是基于 UP2 多年的运行和改造经验，在不断地改进和优化后建成的 UP3 和 UP2-800 后处理厂，具有目前最成熟的工艺，额定处理能力均为 800 t/a。阿格后处理中心年处理能力在 1996 年达到 1700 t，若满负荷运行，可承担 90~100 台百万千瓦级核电机组每年产生的乏燃料后处理任务。阿格后处理中心运行至今未发生过重大事故，成为商业后处理的典范。法国欧安诺公司将为法国电力公司提供乏燃料后处理和再循环业务至 2040 年，同时还将继续承接国外乏燃料后处理业务，并拟对在阿格建造一座新的后处理设施和 MOX 燃料制造设施开展论证。

从 1987 年 11 月起在商用轻水堆核电站中应用 MOX 燃料（AFA 型）。1987—2000 年间，法国使用 MOX 燃料的商用轻水堆核电站数量逐年增加。法国将闭式燃料循环的短期目标调整为“实施将钚以 MOX 燃料形式在轻水堆中循环一次（节省 10%~15%天然铀）的燃料循环”。

法国有 3 座 MOX 燃料制造设施，目前仅有 MELOX 厂运行，它也是目前全球唯一正在运行的商业 MOX 燃料制造设施。该厂 1990 年开工建设，1995 年投运，1997 年生产能力达到 100 t/a。2003 年该厂的许可生产能力从 145 t/a 提高到 195 t/a。该厂每年还出口 MOX 燃料，主要供应日本和德国。

法国每年约有 1100 t UO_2乏燃料进行后处理，可得到 10.5 t 钚，产生堆后铀约 1000 t，每年产生约 100~120 t MOX 燃料，在 22 座 900 MWe 核电厂中再利用。目前法国 900 MWe 的机组将陆续退役，将批准在 1300 MWe 的反应堆中使用 MOX 燃料。目前，法国 10%的核电电力来自 MOX 燃料。从 1992 年开始阿格后处理厂已多批次处理了总计约 130 t MOX 乏燃料。

法国通过 MOX 燃料热堆循环以及对后处理铀再加工的形式，提高铀资源利用率 15%；有 4 座 900 MWe 的反应堆完全使用了后处理铀燃料元件，该电厂运行性能与其他同类型的反应堆一致。

1987 年，法国 Cruas 核电厂首次装入堆后铀燃料，并同时开展其他 900 MWe 机组使用堆后铀燃料的相关试验验证，但仅限于 Cruas 核电厂 4 台机组。2010 年，因绿色和平组织等民间组织的极力反对，法国暂停将堆后铀运往俄罗斯进行再浓缩处理。截至 2013 年暂停使用堆后铀燃料，法国已累计使用堆后铀约 4000 t，相当于 600 t 低浓铀燃料。2018 年，法电决定重启并大规模利用堆后铀，并分别与欧洲铀浓缩公司和俄罗斯签署了堆后铀再浓缩合同，与法马通签署了十年期（2023—2032）的堆后铀燃料组件设计和加工合同。根据计划，部分 130 万 kWe 级机组将在 2027 年前开始使用堆后铀燃料，目标是到 21 世纪 30 年代初超过 30%的核燃料使用堆后铀。2024 年 3 月，法电公司宣布 Cruas 核电厂 2 号机组首次全堆芯使用堆后铀燃料，这意味着法国闭式燃料循环实现里程碑式节点。

（二）坚定快堆燃料循环的长期战略，有序开展关键技术研发与试验验证

法国认为未来核能要实现可持续发展，必须进行铀和钚的多次再循环、次锕系元素的再循环和推进快堆发展及应用。唯有如此，才能实现铀的充分利用和钚的有效使用，并可彻底降低放射性废物管理难度。法国将闭式燃料循环的战略目标确定为后处理 MOX 乏燃料（以及未被后处理的 UO_2 乏燃料），并在快堆中利用钚。

法国的后处理技术发展大致可分为三个阶段，第一阶段是以 UP1 后处理厂为代表的设施，以燃耗较低的天然金属铀乏燃料为处理对象，主要目的是提取军用钚；第二阶段是以 UP2 后处理厂为代表的设施，以燃耗不超过 40 000（MW・d）/tU，丰度大于天然铀的压水堆氧化物乏燃料为处理对象；第三阶段是以 UP3 后处理厂和 UP2-800 后处理厂为代表的设施，采用无盐试剂处理丰度较高且燃耗超过 40 000（MW・d）/tU 的压水堆乏燃料为处理对象，废物产生体积有了较大的减少，实现了大规模的商业运行模式。

2006 年 1 月，法国宣布启动第四代核能系统原型快堆的设计和建造工

作，计划商业快堆于2040年前后投入运营。为了满足快堆燃料循环的需要和未来的后处理厂对可靠性、安全性和经济性的更高要求，法国一直在后处理工艺、设备和控制等方面进行研发，并确定了3种先进的后处理流程：

（1）COEX流程。该流程是第三代后处理技术，属于铀和钚（或U-Pu-Np）共萃取的改进PUREX流程。法国于2007年完成“一体化再循环工厂”的设计，并计划建设基于COEX流程的中试厂，生产MOX燃料组件。这项技术也考虑用于美国规划建造的2500 t规模的后处理厂。

（2）DIAMEX-SANEX流程。该流程是次锕系元素的选择性分离流程，可选择性地把长寿命放射性核素（尤其是Am和Cm）与短寿命裂变产物分开。该流程可与COEX流程（在U、Np和Pu分离之后）联合使用。U-Pu和次锕系元素可在快堆中循环使用。

（3）GANEX流程。该流程用于快堆均质循环的全锕系元素共萃取流程，可共沉淀Pu和U，并可分离次锕系元素、一些镧系元素与短寿命裂变产物。铀、钚和次锕系元素共同制成快堆燃料，镧系元素变成废物进行处置。作为法国—日本—美国“全球锕系元素循环国际论证计划”的一部分，该流程从2008年起开始进行示范验证。从2020年起，燃料组件装入日本文殊堆（Monju）进行辐照测试。

为了验证这些技术的工业可行性，法国计划建造两座中试厂：一座是基于COEX流程，旨在为2020年建成的第四代核能系统（快堆）制造首次装料；另一座用于制造含次锕系元素的燃料组件（由GANEX流程制造U+Pu+MA的混合氧化物燃料组件，由DIAMEX-SANEX流程制造U+MA的混合氧化物燃料组件）以便在快堆进行辐照测试。法国的长远目标是到2040年左右为第四代核能系统的工业应用做好技术准备，未来阿格后处理厂将被新的一体化核燃料循环设施所取代。

法国原构想到2050年，开始快堆商业化建设，逐步更新热堆核电厂，实现完全的核燃料闭式多次循环，届时可以节省40%的天然铀资源，使天然铀的需求降低30%~40%。

三、美国

（一）保持世界领先的后处理技术水平，政府给予政策支持

美国是世界上最早建成军用和商业后处理厂的国家。由于政治原因，美国停止了商业后处理活动，但从未停止过乏燃料后处理技术的研究，后处理科研水平一直保持世界领先，包括 PUREX 流程改进、水法分离新技术和干法后处理技术等。美国有 16 家涉核国家实验室，基础科研实力强，其中橡树岭、爱达荷和阿贡 3 家国家实验室一直从事后处理先进技术的研发。

2002 年美国实施的"先进燃料循环行动"（AFCI）中，就包括基于 PUREX 流程改进形成的 UREX 水法流程，该流程最初主要以回收铀为目的，进一步发展为逐步分离其他超铀元素的综合工艺流程。2006 年美国能源部发布了"全球核能伙伴"（GNEP）倡议，旨在减小核扩散威胁的同时，扩大全球范围内安全、清洁和经济的核能利用。该计划中就包括开发新的核燃料循环技术。2009 年美国出于对核扩散的担忧，停止了 GNEP 计划美国国内部分的研究。

美国保留了一座军用后处理设施的运行能力，2016 年 8 月在萨凡纳河后处理厂重启了研究堆乏燃料后处理工作，分离出的高浓铀，经低浓化后制成燃料用于核电厂；该项工作已于 2022 年停止，已不再对高浓铀进行分离处理。另外，2018 年 6 月美国通过了一个 1500 万美元的项目，研究海军的高浓铀乏燃料后处理。

2021 年初，美国能源部核能办公室发布《战略愿景》，明确提出将在各种先进反应堆技术的商业化过程中，持续资助与其配套的核燃料循环技术研发，并于 2030 年对先进反应堆燃料循环进行评估。随着乏燃料累积及其引发的安全管理问题日益突出，2022 年，美国能源部启动了"乏燃料能源化"计划（CURIE 计划），以 200 t/a 先进后处理厂为导向，开展可商业化的先进后处理技术（包括水法和干法）、在线监测技术和设施设计优化、系统分

析等研究，其技术经济量化指标包括建造成本（水法后处理厂不高于10亿美元，干法5亿~6.25亿美元）、运行成本（水法为建设投资的2.5%，干法为6%~12%）和燃料成本（1美分/（千瓦·时））等。

能源部还启动了多项计划，共同推进乏燃料循环利用先进技术的研发和商业化。一是先进反应堆废物处置系统优化计划（ONWARDS），旨在解决先进反应堆燃料循环废物相关技术问题；二是2021开放招标计划（OPEN2021），旨在对清洁能源领域颠覆性技术进行示范验证；三是能源部在技术商业化基金（TCF）框架内，为阿贡国家实验室和奥克洛公司合作推进熔盐电解技术商业化提供支持；四是能源部核能加速创新门户（GAIN）计划，如支持新型乏燃料循环工艺（NuCycle）的相关研究和评估等工作，支撑模块化小堆和乏燃料转化技术研发等。

2023年11月，美国闪耀技术公司宣布，计划在其位于威斯康星州简斯维尔的工厂建设一座5万平方英尺（4645 m^2）试验性的乏燃料后处理设施，每年处理200 t燃耗低于35 GWd/t（HM）的乏燃料。此外，美国越来越多的先进堆开发商也在考虑回收利用乏燃料，如奥克洛（Oklo）公司和库里奥（Curio）公司。

（二）坚持推进快堆循环相关技术开发

美国阿贡国家实验室从20世纪50年代就开始研究干法后处理技术，经过多年的研究，于1984年提出了包括快堆、燃料循环与废物管理在内的一体化快堆（IFR）的概念。于1986年提出一体化快堆系统干法后处理概念流程，用于处理实验快堆EBR-Ⅱ的乏燃料。

此后，美国一直在实验规模地使用和改进干法后处理技术，并计划推动商业化应用。阿贡和爱达荷等国家实验室一直在进行工艺改进。随着美国致力于重振全球核能地位，推动“先进反应堆示范计划”实施，一定程度上促进了池式钠冷快堆、金属燃料、干法后处理技术的研究和商业化应用。

快堆方面。20世纪80年代，通用电气公司基于EBR Ⅱ开发设计了模块化池式钠冷快堆 PRISM。现阶段美国钠冷快堆设计向模块化小堆发展，通用电气与泰拉能源合作，在 PRISM 构型基础上设计了 Natrium 小堆，是美国能源部“先进反应堆示范计划”重点支持建设的堆型之一。Natrium 小堆示范装置在怀俄明州诺顿煤电厂附近建造，这是“煤改核”示范项目。

燃料方面。美国具备铀锆合金和铀钚锆合金燃料的制造和辐照经验，目前正在研发 30%~40%超高燃耗的金属燃料，同时也在研发无需热结合钠的金属燃料。配套 Natrium 小堆，在威尔明顿核燃料厂的场址内建设金属燃料制造设施。

后处理方面。由于金属燃料芯块和包壳间含有金属钠，其乏燃料需要处理后才能进行处置，美国至今仍在利用一体化快堆项目中的燃料整备设施（FCF）对 EBR Ⅱ的金属乏燃料进行后处理，并将钚和锕系元素当作废物处置。虽然目前美国大部分先进反应堆开发商计划在未来十年或更长时间内采取一次通过的燃料循环，但为了保留未来采用先进闭式燃料循环的可能性，美国继续开展后处理技术研发。2022 年 3 月，在美国能源部的资助下，阿贡国家实验室与奥克洛公司签署协议，合作推进先进反应堆燃料循环技术的商业化，该项目包括通过干法后处理技术进行燃料回收。

（三）持续巩固核燃料循环基础科研

美国能源部是美国核能领域科研的引领和中坚，侧重推动技术攻关和首堆示范，重点解决新型反应堆技术成熟化瓶颈，包括高温气冷堆、快堆、熔盐堆和微堆等先进反应堆的关键技术研发，在设计方法、反应堆部件、先进能量转换、安全性、先进材料和仿真模型验证等推动攻关；支持企业开展新型反应堆的首堆示范，目前有 Xe-100 高温气冷堆、Natrium 钠冷快堆、FHR 熔盐高温堆、西屋公司热管微堆、巴威公司可移动微堆、Holtec 小型模块化轻水堆和南方公司 MCRE 熔盐实验堆 7 个项目；先进核燃料循环技术，包括各类新型燃料与乏燃料分离回收技术、派克顿铀浓缩技术示范、乏燃料与高放废物管理技术以及最终处置库选址与中间贮存设施筹建等；大型科研平台建设运行，目前运行的包括先进实验堆（ATR，轻水堆，功率 250 MWt）、瞬态反应堆试验设施（TREAT，石墨慢化脉冲堆，功率 800 MWt）等一批辐照与辐照后检查能力、高性能计算与先进建模仿真能力、核燃料与材料数据库等，为填补在研发能力方面存在的缺口正在筹建的多功能实验快堆（将于 2026 年建成投运，用于弥补在开展快堆材料、燃料和仪表研发方面存在的不足）、样品制备实验室（将于 2026 年建成，用于弥补在辐照后材料检查和分析方面存在的不足）、微堆实验示范运行（DOME）试验平台、运行与测试实验室（LOTUS）试验平台、一回路冷却剂仪表试验（PCAT）、微型堆应用研究核实与评估（MARVEL）等。此外，还将与国家航空航天局合作，2030 年建成用于在星球表面供电和空间推进的裂变能示范工程。

四、日本

（一）建设可控自主的闭式燃料循环体系

日本的天然铀资源贫乏，基于能源安全考虑，为尽可能减少对国外天然铀和浓缩铀的依赖，日本从核能和平利用开始就一直实行闭式燃料循环政策，即从核电厂的乏燃料中回收铀和钚，重新制成混合氧化物燃料，再把 MOX 燃料装入反应堆中使用。坚持闭式循环的同时，后处理相关技术也在配套发展，并逐步建立起了一套完整的核燃料循环体系。

日本东海村后处理中试厂引进法国技术于 1976 年开始建设、1981 年开始运行、2006 年停运、2018 年开始退役，主要用于轻水堆乏燃料、先进热中子堆乏燃料和快堆乏燃料的后处理技术的研究开发，期间共处理 1100 多吨乏燃料。东海村后处理中试厂在后处理研发方面取得了良好成果，也存在一些问题。成果包括 PUREX 流程的验证；一些后处理相关技术的研发，如流态化脱硝技术、废水处理技术、沥青固化技术、耐腐蚀性材料加工制造技术、远距离维修技术、高放废液玻璃固化技术等；作为 JAEA 的主要研究机构，进行了先进轻水堆后处理技术的相关研发，以及涉及快堆燃料循环的新型后处理技术的研发等。问题主要是开工率很低，运行中设备腐蚀、事故、维修频繁等问题，导致工厂实际最多每年只能运行 200 天，处理量约 90 t/a，最终 20 多年运行只处理了 1052 t 乏燃料。

日本六所村后处理厂设计能力为 800 t/a，于 1993 年 4 月开始兴建、2004 年底开始进行冷铀试验、2006 年开始进行热试验，2014 年完成调试进行安全审查。目前安全审查已基本通过，目前尚未投入运行。

六所村后处理厂建设期间，先后 27 次宣布投运时间延期，投运时间将比最初计划推迟 30 年（1995—2025 年），建设费预算从 1986 年计划的 8400 亿日元涨至 33 082 亿日元（2023 年数据）。延期超概的主要原因有：技术复杂、设计变更滞后、安全标准提升、组织协调不力。具体表现为对工程复杂性估计不足，关键技术未经 1∶1 冷台架工程化验证；若干技术问题没有解决；技术管理力量薄弱，重大设计变更滞后；安审标准不断提高，工程多次安全升级；地方政府借安审获益，拖延审批时间；对法谈判组织弱，合同内容存在缺陷；项目组织协调差，责任不清，接口过多；国内设备商承包后又分头引进国外技术，导致经费增加。

六所村后处理厂工程建设期间问题不断，多次延期和投资增加，国内争论较多，2005 年日本发布《核能政策纲要草案》，强调坚持闭式燃料循环政策，对乏燃料进行后处理回收铀钚利用，超出六所村后处理能力的部分暂采用干法贮存。

日本原子力规制委员会（NRA）在 2013 年颁布了新的安审标准，提高了核燃料循环设施的安全要求。对于核燃料循环策略，2014 年《日本乏燃料管理安全和放射性废物管理安全联合公约国家报告》提出“将彻底加强和全面推进解决如何管理和处置乏燃料的工作，坚定地推进乏燃料后处理以及在轻水堆中使用钚”。2022 年 12 月，日本经产大臣在视察六所村后处理厂时，要求以安全为前提尽快投产后处理厂，落实闭式燃料循环政策。

日本经济产业省的乏燃料后处理管理机构（SFRO）是乏燃料后处理的管理部门，负责制定后处理总体计划、乏燃料基金的收取、授权日本核燃料有限公司开展后处理工作等，2024 年该机构已更名为日本乏燃料后处理和退役促进机构。环境省的原子力规制委员会是乏燃料后处理的安全监管部门。乏燃料后处理活动由日本核燃料有限公司和日本原子能开发研究机构实施。

日本早在 1975 年就开始由日本动燃团（动力堆核燃料开发事业团，PNC）以 PUREX 流程为基础为快堆后处理问题着手开展必要的技术研发，1987 年开始与美国橡树岭国家实验室（ORNL）进行了技术合作，包括首端连续处理技术、先进溶剂萃取技术、先进远程操作技术和设施最优化设计等领域。日本在其快堆乏燃料后处理技术研发和先进后处理技术研发项目中，各研究机构提出了多种技术流程，包括基于 PUREX 流程改进研究的 NEXT 流程，研究了多种水法新分离技术。在干法后处理技术方面，日本在氟化挥发流程、熔盐电解精炼流程、氧化物电沉积流程三个方面均有发展。日本积极参与美国熔盐电解精炼技术的研发，已完成快堆合金燃料和铀钚氧化物燃料的后处理试验，并建立了实验室规模以及半连续工程规模的高温熔盐设备，并成功运行。日本与俄罗斯还开展了氧化物电沉积流程的研究。日本还将氟化挥发、熔盐电解精炼流程分别与水法后处理结合，自主开发了干湿结合的后处理流程。

2014 年 8 月，日本原子能委员会（JAEA）、三菱重工与法国原子能委员会（CEA）和法马通公司达成了为期五年的协议，推进法国钠冷快堆 Astrid 设计的合作。2020 年 1 月，法日两国关于发展快中子反应堆的第二个五年协议生效。JAEA 表示，早先的联合研发工作在燃料、严重事故和其他技术领域取得进展之后，将侧重于提升安全性，并将日本的快堆设计从回路式调整为池式。

（二）核能仍是实现日本碳中和目标的战略选择

日本正面临着能源结构的重大调整。2023 年 2 月，日本通过了以实现绿色转型为目标的政策方针，该方针明确了最大限度利用核能的主要目标包括：一是最大限度发展核能，重申了到2030年重启27座反应堆，将核电在总发电量中的占比提高至20%~22%的目标；二是对现有核电延寿，目前核电机组运行寿期最长为60年，为充分利用现有机组，今后将考虑进一步延寿；三是研发和建设新一代核电反应堆。目前，日本政府既要为核电厂服役期限延长，又在筹划建设新一代核反应堆，这是日本能源政策的重大转变。

五、印度

（一）制定核能“三阶段”战略

印度核能“三阶段”战略表明其从发展核能之初就采用闭式燃料循环政策，对乏燃料进行后处理，回收铀钚并在快堆中循环利用，并增殖钚和钍，以产生更多的易裂变材料（铀-233）。从印度角度来看，通过闭式燃料循环实现乏燃料管理是最佳方案。

乏燃料后处理是印度核能发展中的必要环节之一，其闭式燃料循环路线也可分为3个阶段：第一阶段，对加压重水堆和少量轻水堆乏燃料进行后处理，回收铀和钚，这些钚将作为第二阶段快堆发展的重要资源；第二阶段，钚在快堆中发生裂变反应，产生能量的同时，释放的快中子也引发了堆芯外围再生区中^{238}U或者^{232}Th的裂变，产生更多的^{239}Pu或^{233}U，通过后处理回收作为燃料，实现核燃料的增殖；第三阶段，当前主要考虑采用先进重水堆，对钍、钚燃料进行增殖，通过后处理回收^{233}U作为燃料，最终构建一个基于先进重水堆的^{232}Th-^{233}U燃料自持循环体系。

（二）后处理不断取得进步

印度后处理起步早，投入大。研究范围略宽，既研究天然铀金属乏燃料，也研究氧化物乏燃料；既研究铀燃料，也研究钍燃料；既研究热堆氧化物乏燃料，也研究快堆铀钚混合物乏燃料。印度目前已建成4座小型热堆后处理设施（总产能410 t/a，实际产能约150 t/a），均为军民两用的后处理厂，快堆乏燃料后处理设施有 1 座实验热室和 1 座示范厂，正在建 1 座热堆乏燃料后处理设施和 1 座原型快堆乏燃料后处理设施。

军用特郎贝后处理厂位于巴巴原子研究中心，引进美国的后处理工艺技术并适当改造后完成的，于 1964 年投入运行，为印度提供武器级钚。最初设计处理能力为 30 t/a，运行多年后，该厂进行了去污、检修和整改，处理能力提高到 60 t/a。

塔拉普尔的 PREFRE 1 厂，在美国通用电气公司协助下建造的印度第2 座后处理厂，1977 年建成，1982 年正式投入运行，设计处理能力为 100 t/a，主要用于处理锆合金包壳天然铀氧化物乏燃料。在 1991 年该厂将年生产能力提高到 150 t/a，但一直开工不足。

卡尔帕卡姆的 PREFRE 2 厂，由印度自主建造，汲取了之前两个厂的经验，实现远程操作和自动化，具备完善的安全功能，并通过改进确保了环境的安全。2003—2009 年该厂在因事故停运后进行了改造升级，使其不仅能处理天然铀氧化物乏燃料，还能处理实验快堆的碳化物乏燃料。

塔拉普尔 PREFRE 3B 厂，2011 年投运，处理能力为 100 t/a，主要用于处理高燃耗乏燃料，为快堆供料。在建的卡尔帕卡姆 PREFRE 3A 厂，主要为印度第二、第三阶段核能计划中的反应堆提供燃料。

印度对快堆乏燃料后处理的研究也较为重视，一直积极发展快堆后处理技术，经过多年的自主开发，已建有 1 座快堆乏燃料后处理实验热室和 1 座示范厂。

2003 年，印度启用了 CORAL 快堆乏燃料后处理实验热室，处理能力为 12 kg/a，重点研究快堆乏燃料水法后处理流程。2010 年，实验快堆碳化物乏燃料在 CORAL 进行了后处理，验证了工艺流程的可行性和关键设备的可靠性，回收的裂变材料被重新制成燃料装入实验快堆，实现了核燃料闭合循环。待示范厂能够稳定运行后，该实验设施将作为后处理技术研发的热室运行。

2003 年，CORAL 热室运行后，印度即开始建造快堆乏燃料后处理示范厂，2024 年 1 月该厂投运。该厂首先对实验快堆碳化物乏燃料进行处理，产能为 100 kg/a，还对原型快堆乏 MOX 燃料进行处理，并逐步将处理能力提高为 500 kg/a。该厂对工艺、设备的运行情况及可放大性进行示范验证，积累快堆燃料后处理经验。

印度正在甘地原子研究中心建造原型快堆及快堆乏燃料后处理设施（处理能力 14 t/a），该厂属综合性快堆燃料循环设施的一部分，重点研究水法后处理流程及相关设备。

（三）积极探索快堆核燃料循环

印度 1954 年提出三阶段核能计划，其中第二阶段的主要任务是发展快中子增殖堆。印度首座试验快堆于 1985 年实现首次临界，正在推进原型快堆的建设，已启动装料。

快堆燃料类型各异，但目前国际上主流的燃料类型为金属燃料、MOX 燃料和氮化物燃料。而印度是世界上唯一在实验快堆采用全碳化物堆芯的国家。碳化物燃料具有高热导率和高裂变原子密度，且可承受较高的服役温度。但随着燃耗的加深，碳化物燃料在辐照后会出现严重肿胀现象，致使燃料破碎；此外，碳化物燃料与水和空气的兼容性差，不利于后处理。因此，印度已决定在其 2024 年即将投运的原型快堆中采用 MOX 燃料，未来可能改用金属燃料。此次投运的快堆乏燃料后处理示范厂既可对碳化物乏燃料进行后处理，还可对 MOX 乏燃料进行处理。

快堆燃料的燃耗更高、钚含量更高，快堆乏燃料的后处理与热堆相比存在很大差异。各国的研究普遍集中在干法后处理技术，而印度目前仍坚持采用改进水法技术处理快堆乏燃料，但其在干法后处理技术领域也开展了相关研究。

六、英国

英国一直采用闭式燃料循环政策，曾建有镁诺克斯和 THORP 两个后处理厂。镁诺克斯堆后处理厂主要用来处理英国的镁诺克斯乏燃料。由于镁诺克斯反应堆在 2015 年就已全部停运，其积累的乏燃料也基本处理完，因此该厂已于 2022 年 7 月关闭。THORP 厂主要用来处理本国的改进型气冷堆乏燃料和国外的轻水堆乏燃料，在经过 25 年的运行后，因经济效益和安全问题，最终在 2018 年 11 月进行退役。

目前，英国政府并不强制要求对乏燃料进行后处理，更期望将来在后处理技术取得重大突破后再进行后处理。英国 8 台改进型气冷堆在 2023—2030 年间将陆续全部退役，由于改进型气冷堆乏燃料过去一直在进行后处理，因此目前乏燃料存量不大。

（一）虽关停后处理厂，但仍坚持闭式燃料循环政策

英国最初对镁诺克斯堆乏燃料进行后处理的主要目的是提取军用钚。后来，英国担心铀的供应问题，为了保持本国核能的规模化发展，实现能源独立，选择了闭式燃料循环，计划发展快堆实现核燃料增殖。

英国的快堆发展并不顺利。随着现有后处理厂的关闭，目前英国政府并不强制要求进行乏燃料后处理，而是由乏燃料的所有者根据自己的商业判断，在满足必要监管要求的前提下，自行决定适合的乏燃料管理方案。英国的改进型气冷堆和压水堆乏燃料，目前都采取长期贮存的策略。THORP 厂关闭后，英国表示计划用十年的时间研发该国的后处理设备及技术，待技术研发成熟后再对贮存的乏燃料进行后处理。

2019 年，英国商业、能源和工业战略部拨款 5.05 亿英镑资助先进燃料循环计划（AFCP），旨在实现英国的净零目标。在此计划基础上，英国国家核实验室 2021 年发布了《清洁能源未来的先进燃料循环路线图》，列出了英国需要发展的两个主要技术领域，一是先进燃料的开发，主要为当前和未来的反应堆制造燃料，从而能够维持和发展英国本土的燃料制造能力；二是先进燃料循环技术的开发，即通过回收后处理核素制造的新燃料，降低燃料循环成本以及对环境的影响。英国将在先进燃料循环方面加大科研投入，

重塑完整的燃料循环的能力。

（二）积累了后处理大厂丰富的建设与运营经验

20 世纪 50 年代初英国在塞拉菲尔德建设了第一座后处理厂（B204 厂），并在 1964 年建成了镁诺克斯后处理厂（B205 厂）。随着镁诺克斯后处理厂的建成，B204 厂停止运行，被改造成氧化物乏燃料的首端处理车间，并在 1969 年投入使用。B204 厂在 1973 年维修后的启动时发生严重事故，使得设备和厂房受到严重污染，最终关闭。

镁诺克斯后处理厂主要用于处理英国本国的镁诺克斯乏燃料，并对意大利和日本的乏燃料进行后处理，建成以来已总计处理了约 5 万 t 的镁诺克斯乏燃料。2015 年底，英国最后一座镁诺克斯反应堆正式关闭，镁诺克斯后处理厂也计划处理完所有镁诺克斯乏燃料后关闭。新冠疫情的暴发对该厂的运行造成了冲击，该厂在 2020 年 3 月临时关闭。2022 年 7 月，镁诺克斯后处理厂处理完剩余镁诺克斯乏燃料后彻底关闭。

1974 年英国为处理本国改进型气冷堆乏燃料并承接国外的乏燃料后处理业务，计划建设大型商用后处理厂 THORP 厂。THORP 厂在 1978 年通过建设计划，1983 年正式开工建设，1994 年进行试运行，并于 1997 全面投运。THORP 厂全面投运后，开始稳步提高年处理量，最终年处理能力达到了约 900 t，但一直未能达到 1200 t/a 的设计处理能力。

THORP 厂投资约 18.5 亿英镑（折合现价 50 亿英镑），加上废物处理和贮存等辅助设施，总投资达 28 亿英镑。由于建设拖期以及环境要求提高的原因，该费用是最初建设预算的 3 倍。其建造费用主要是利用国外客户的预付款。THORP 厂运行期间多次发生事故，海外订单不断减少，运行成本高，收益连年下降，2018 年 11 月在处理完最后一批乏燃料后停止运行。该厂的乏燃料贮存设施将继续运行至 21 世纪 70 年代。

THORP 厂投运期间，共处理了 9 个国家共 30 个项目的 9331 t 乏燃料。按照 20 世纪 80 年代签订的海外合同，可以将 THORP 厂的订单业务分为基础业务（运行初十年）时期以及基础业务后时期。在基础业务时期内，该厂计划处理7000 t乏燃料：其中2/3来自海外客户，1/3来自英国改进型气冷堆反应堆；早期合同的处理费用为1700~2300美元/千克（20世纪80年代）。基础业务后时期的订单主要为英国改进型气冷堆乏燃料，在此期间仅有一家海外客户（德国），此时的合同价格范围在600~900美元/千克（20世纪90年代）。

第二节　国际启示

综合分析以上国家发展经验与教训，得到如下启示。

一、要制定政策法规，保障规划落实

各国围绕闭式燃料循环制定了多个中长期发展战略与计划，并针对关键环节，以完善政策法规的手段，确保规划落实。法国长期坚持闭式燃料循环，为了促进循环的闭合，畅通产业链上下游关系。法国政府在2006年颁布了《放射性物质和废物可持续管理规划法》，明确规定“乏燃料和放射性废物的产生者是这些物质的责任人”，国会根据该管理法案对国家规划每3年进行一次更新。俄罗斯则坚持“后处理+快堆”的循环政策，苏联时期就将快堆闭式循环列入国家战略发展的优先方向，从国家层面制定了各阶段的国家专项计划、发展规划等文件作为发展依据和保障，这不仅使其快堆技术处于世界领先地位，而且也为建立“后处理+快堆”循环体系打下了基础。日本尽管在后处理厂及MOX燃料厂的建设中不断受挫，但其一直坚持闭式燃料循环，并通过《反应堆管执法》《后段法案》等法律法规，以及一系列国家政策，不断筹集资金，保障闭式循环发展。

二、要加强顶层谋划，统筹协调各环节发展

各国统筹协调闭式燃料循环各环节的研发和建设，保障闭式循环的良性发展。

法国为提高铀资源利用率，最初选择了在快堆中循环使用 MOX 燃料，并在凤凰堆和超凤凰堆建设之初，就建设了配套的快堆 MOX 燃料生产线，满足了快堆燃料供应。之后，随着法国快堆因安全、经济性问题受到限制，法国调整其策略，为消耗后处理产生的工业钚，选择在压水堆中使用 MOX 燃料。为推动 MOX 在压水堆中的应用，法国不仅将一条快堆 MOX 燃料生产线改成一条压水堆 MOX 燃料生产线，完成了压水堆 MOX 燃料使用的各项研究工作，还配套通过政策手段推动压水堆使用 MOX 燃料，多措并举确保本国闭式燃料循环各环节的匹配发展。

俄罗斯“突破”计划同样考虑了各环节的衔接匹配。中试示范能源综合体（PDPC）包括的铀钚氮化物混合燃料（MNUP）制造模块、BREST-OD-300 铅冷快堆模块、乏燃料后处理模块分别将于 2023 年建成、2026 年建成和 2024 年开建，充分考虑了建成投运的时序性。俄罗斯 RT-1 的后处理产能，以及前期储备的工业钚和需要削减的武器级钚，所提供的燃料储备足够 BN-800 使用，规划 RT-2 后处理厂规模达到 1500 t/a，为后续的快堆发展提供充足的燃料。

三、要以技术成熟为前提，稳扎稳打推进工程化

各国投入了大量的人力、物力和财力进行闭式燃料循环技术的研发和验证，通过不断研发新的技术，提高技术成熟度、降低成本，促进闭式燃料循环产业良性发展。

法国通过 UP1、UP2 和 UP3 后处理设施的建设，加强技术研发和试验验证，提高技术成熟度，并累计投入高达数十亿欧元开展基于 PUREX 流程

的后处理以及压水堆 MOX 燃料技术研发，成熟可靠的技术保障了法国后处理安全稳定地运行了 30 余年，合计处理乏燃料超过 3 万 t，大约 8000 余组压水堆 MOX 燃料在全球范围内安全应用，法国核电电价为欧洲最低。英国 THORP 后处理厂，由于技术不成熟未能达到设计目标，已于 2018 年关闭。日本引进了法国成熟主工艺技术建设了六所村后处理厂，但没有引进法国玻璃固化线成熟技术。尽管主工艺部分按计划完成了建设和调试，但玻璃固化线却迟迟未能达到设计要求。

四、要一体考虑后处理与产品再利用

后处理回收的铀、钚必须通过燃料形式在核电机组循环利用，实现其价值回归，才能称之为完整的闭式燃料循环。

部分国家如法国、日本在快堆发展滞后，MOX 燃料应用市场尚未形成的情况下，为了保护后处理产业，并为快堆的发展做好技术和资源上的准备，尽管其使用效率远不如在快堆中使用，仍及时调整闭式循环中 MOX 燃料的使用策略，以在轻水堆中首先使用 MOX 燃料作为过渡方案。虽然法国目前已经批准 22 台核电机组使用 MOX 燃料，每年约消耗 11 t 钚，相当于每年后处理 1100 t 乏燃料。

第三节　我国实施闭式燃料循环的必要性

一、“双碳”目标下核能发展迎来新市场空间

电力是高阶能源，是经济社会电气化发展的基本条件，绝大多数非化石能源需先转化为电能方可大规模、广泛利用。在碳减排的要求下，其他行业的化石能源消费需求将削减，势必转移至电能消费，推动电力需求持续上

涨。综合考虑经济增长、产业结构调整、城镇化和工业化发展趋势等因素，未来我国电力需求的增长空间还很大：2030 年全社会用电量约为 11.8 万亿 kW·h，2040—2045 年电力需求增长趋于饱和（年均增速低于 1%），2060 年全社会用电量约为 15.9 万亿 kW·h。2060 年与 2022 年我国全社会用电量 8.64 万亿 kW·h相比，近乎翻倍。

在实现“双碳”目标的同时，又要满足电力需求增长，就必须大力发展清洁低碳能源，并逐步使其成为我国电力供应的主体。目前，尽管我国水电还有一定的发展空间，风电和太阳能装机容量不断提高，但仍难以满足经济发展对清洁高效、可调节、可调度电力的需求。同时，我国还面临关停火电、减少排放的压力。据测算，一台百万千瓦级核电机组全生命周期实际温室气体排放量为 11.9 g CO_2 eq/（kW·h），低于太阳能光伏发电，与风电相当；年度发电量接近 80 亿 kW·h，相当于减少二氧化碳排放 640 万 t，相当于植树造林 1.8 万千亩，同时还减排二氧化硫等其他大气污染物，清洁低碳的优势十分明显。核电能量密度大，运行稳定、可靠，换料周期长，不受静稳天气、极端天气和昼夜变化等因素影响，能提高清洁能源的适应性，同时作为保障电网稳定的基荷能源，与风光等可再生能源互为补充、协同发展，是“双碳”目标下，实现经济可持续发展的重要支撑之一。

根据世界核协会（WNA）在《核燃料报告：2021—2040 年全球供需情况》中预测，基准情景（中方案）下，到 2035 年、2040 年全球在运核电机组装机容量将分别达到 5.01 亿 kWe、6.15 亿 kWe，我国的在运核电机组装机容量也将达到 1.49 亿 kWe、2.06 亿 kWe。多方预测数据均表明我国核能将在“双碳”目标下发展空间很大。

二、闭式燃料循环是我国核能大规模发展的必备前提

铀资源及乏燃料安全管理是热堆核能可持续发展的重要条件。“双碳”目标下，我国热堆核能中长期的大规模发展使铀资源保障和乏燃料安全管理等问题更为凸显。建设闭式燃料循环体系支撑快堆规模化发展，是保障核能

可持续发展的重中之重。实施闭式燃料循环作用如下。

（一）提高铀资源利用率

热堆单次循环将提高铀资源利用率25%左右。若将回收的钚制成MOX燃料并返回压水堆中使用一次，可提高约15%的铀资源利用率。从国际核能发展的现状来看，此技术已经成熟，并在法国等国家多个核电站上得到长期应用。若是将回收的铀一并复用，可进一步将资源利用率提高约25%。

快堆多次循环理论上可将铀资源利用率提高数十倍。快堆的优势是可以利用占天然铀99%以上的^{238}U，大幅度提高资源利用率。随着快堆技术的发展，以及对次锕系核素分离嬗变技术的进步，当可在快堆上实现多次燃料循环时，铀资源利用率将提高数十倍。如表4-1所示。

表4-1　不同循环模式天然铀需求量（每1 TWh电）

循环模式	一次通过	热堆循环	快堆循环
资源需求量（吨铀）	25.84	22.25	0.15

（二）提高乏燃料安全管理水平

实行闭式燃料循环能够缓解乏燃料在堆/离堆贮存压力，减少在堆水池、离堆水池、干法贮存设施的建设数量，能够有效缓解因乏燃料安全贮存带来的压力。以目前较为成熟的水法后处理为例，若将乏燃料进行后处理，将钚提取后循环利用，则可大幅降低高放废物量，与一次通过相比，需进行深地质处置的高放废物的体积至少减少1/4以上，如表4-2所示。

表 4-2　不同循环模式高放废物产生量（每 1 TWh 电）

循环模式	一次通过	热堆循环	快堆循环
高放废物质量/t	2.44	0.41①	0.11
高放废物体积/m^3	4.87	1.34	0.73

（三）减少高放废物毒性

随着次锕系核素分离嬗变技术的成熟，将次锕系核素投入快堆燃料循环焚烧，乏燃料中的放射性废物体积、毒性将不断降低，使废物的管理和最终处置更加容易，大大缩短了高放废物的安全监管年限。同时快堆循环可以利用贫铀中的铀-238，不仅可以提高对铀资源的利用率促进核能可持续发展，还能减少对勘查采冶、分离功等的需求，进一步减少全产业链碳排放。

第四节　核燃料循环的路线比较

核燃料循环主要分为闭式循环和一次通过两种模式。闭式循环包括从反应堆中卸出的乏燃料中间储存、后处理、回收核素再循环、放射性废物处理与处置；“一次通过”指乏燃料从反应堆卸出后，经过中间储存和包装之后直接深地质处置。

一、闭式燃料循环

闭式燃料循环主要有热堆循环和快堆循环两种方式。后处理回收核素制成的燃料在热中子堆（以压水堆为主）内循环，称为热堆闭式循环，在快中子堆内循环，则称为快堆闭式循环，如图 4-1 所示。

① 不包括包壳、端头的质量。

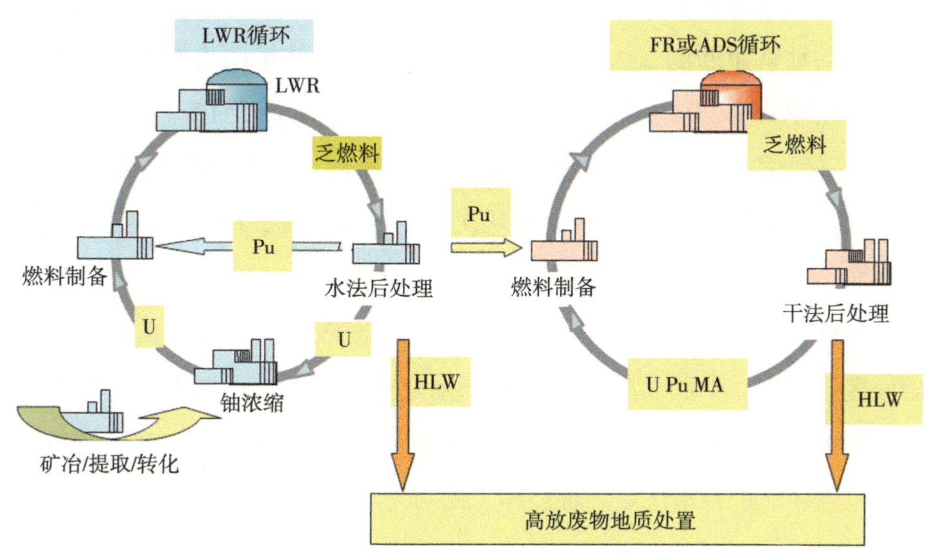

图 4-1　热堆循环与快堆循环示意图

（一）热堆闭式燃料循环

热堆闭式燃料循环是指从热堆乏燃料中提取的铀进行再浓缩后（堆后浓缩铀）制备成热堆元件、提取的钚加入贫铀后制成 MOX 燃料进入热堆再循环。但由于堆后铀中含有^{232}U以及^{236}U，再浓缩时进入^{235}U组分，须与天然铀浓缩分开进行浓缩，且由于^{232}U的子体^{208}Tl释放硬 γ 射线（2.6 MeV），^{236}U具有较高的中子吸收截面，因此在利用堆后浓缩铀制造热堆元件时需要更高的防护要求及稍高一些的富集度，以补偿^{236}U带来的中子损失。重要的循环方式是将后处理得到的钚与贫铀一起制备成 MOX（钚含量 7%～11%）返回热堆燃烧，但由于引入了极毒的钚，使得 MOX 制造成本远高于天然铀元件。

无论是后处理铀还是钚，再次在热堆中燃烧后，铀钚的偶质量数同位素含量会大幅增加。由于铀钚的偶质量数同位素核的热中子裂变截面小，一定次数循环后的铀钚不再适合在热堆中燃烧，只能在快堆中使用，因此一般热堆循环中铀钚仅能再循环 1～2 次。

热堆闭式循环的特点表现为。

一是经过有限次数的循环，燃料利用率得到一定提升。由于将热堆乏燃料中回收的铀钚重新制造为核燃料在热堆中燃烧，热堆闭式燃料循环可以使铀资源利用率提高 20%～30%，但铀资源利用率仍然低于 1%。

二是一般采用水法后处理技术从热堆乏燃料中提取铀钚（或次锕系元素），需要大型的后处理厂。随着循环次数的增加，钚、次锕系、裂片元素的量也增加，给水法后处理带来更大的困难，包括钚的溶解、试剂辐照降解等，产生的各种放射性废物量也较大。同时，高放废液在玻璃固化前需进行蒸发脱硝处理等操作，中低放废液也需要净化处理，废水处理在水法后处理厂中占有较大工作量。另外，为了降低辐照效应，一般热堆铀氧化物乏燃料需冷却 8 年以上才能进行水法后处理操作。而对于燃耗更深的 MOX 乏燃料，则需冷却更长时间。

三是需深地质处置的高放废物量有所降低。每吨乏燃料直接处置的体积大于 2.0 m^3，而每吨乏燃料后处理产生的高放废物玻璃固化体的处置体积小于 0.5 m^3，即热堆闭式循环的高放废物处置体积为“一次通过”循环方式的 1/4。

四是高放废物的监管时间降至万年水平。后处理高放废液中含有所有的次锕系核素和长寿命裂变产物（LLFP），若将其玻璃固化产物进行地质处置，其放射性毒性为乏燃料的 1/3～1/5，其放射毒性降至天然铀矿水平需要一万年以上（如图 4-3 中间曲线所示）。

（二）快堆闭式燃料循环

快堆闭式燃料循环是指从热堆和快堆乏燃料中提取钚、铀、次锕系核素制成 MOX 燃料、合金燃料或氮化物燃料等进入快堆再循环。

无论是奇质量数核还是偶质量数核在快中子能谱下都有较高的裂变截面，因此在快堆中 ^{238}U 也可以裂变释放能量，同时还可以俘获中子变为钚的同位素进行增殖。所以一般采用后处理得到的钚与贫化铀来制造快堆燃料，且在快堆中可以进行多次循环。典型快堆燃料的钚含量一般在 15%～20%。

快堆闭式循环的特点如下：

一是燃料可实现多次循环，理论上铀资源利用率可提高数十倍。

中国原子能科学研究院的初步计算表明，经过 12~18 次循环周期（后处理—MOX 燃料制造—快堆运行），铀资源的利用率可以从小于 1%提高到 60%（见图 4-2）。图 4-2 还表明，在快堆中的前几次循环的效果更好，经过 3~4 次循环，铀资源利用率即可达到 20%左右。

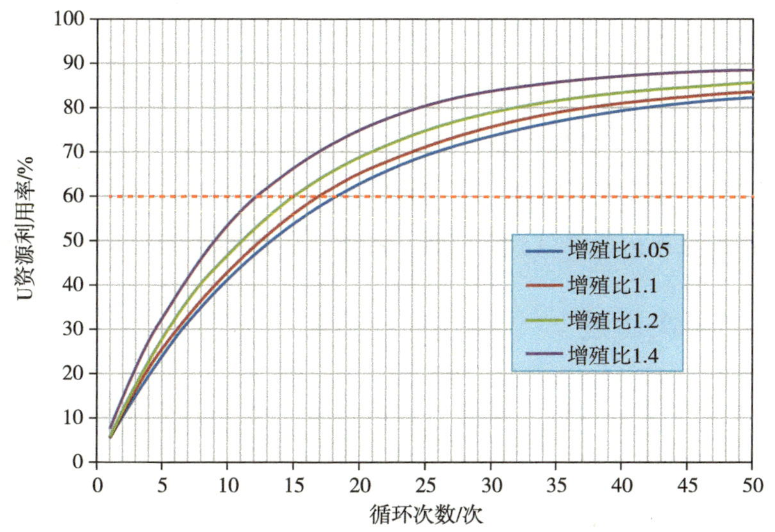

图 4-2　不同增殖比下铀资源利用率和循环次数的关系

注：堆芯燃耗 7.5%；分离回收率 99%

二是干法后处理设施空间规模理论上会显著减小，增殖时间会显著缩短。

快堆乏燃料燃耗深，钚、次锕系等元素的含量较高，水法后处理采用的试剂等难以抵抗强辐照效应。因此，快堆乏燃料一般采用两种方式进行后处理：一是将快堆乏燃料与热堆乏燃料混合采用水法处理，可以降低辐照剂量及临界风险，但这样会稀释热堆钚的质量；二是采用耐辐照能力更强的干法后处理技术。由于采用碱金属的氯化物熔盐为分离体系，在高温无水条件下用电化学及熔盐萃取方法分离铀、钚、次锕系元素等，辐照效应较小，无水条件也降低了临界风险。干法后处理厂溶解分离等操作可在 1~2 个反应器中进行，无废水处理需求，因此设备数量及规模显著减小。

另外，由于熔盐体系良好的耐辐照性能，使得乏燃料冷却较短时间即可进行后处理，大大缩短了增殖周期。

三是废物处理相对简单，最终高放废物体积与水法后处理接近。

干法后处理快堆乏燃料，为无水条件，基本不产生低、中、高放废水。据估算，处理 1 t 快堆乏燃料，约产生需深地质处置的高放废物陶瓷固化体 0. 2 m^3，约比水法后处理的高放玻璃体减小一半。

四是高放废物的监管时间大量缩短。

如图 4-2 最下面一条线所示，快堆乏燃料经干法后处理将其中的铀钚及次锕系元素提取出来，回快堆继续燃烧，需进行固化的高放废物除高释热的 ^{137}Cs、^{90}Sr、稀土等裂变产物外，次锕系核素的含量很小，废物固化体的长期放射性毒性在几百年内就降低到天然铀矿的水平，需要监管的时间大幅缩短。

二、“一次通过”

由于不对乏燃料进行后处理，不提取钚，所以有利于防扩散。但“一次通过”循环的缺点为：

（一）铀资源利用率低

“一次通过”的铀资源利用率约为 0. 6%。约占乏燃料 96%的 U 和 1%的 Pu 被当作废物进行直接处置。

（二）需要深地质处置的废物体积大

将乏燃料作为废物直接进行地质处置时，由于乏燃料中含有较多的易裂变核素以及高释热核素，需考虑冷却及临界安全问题，导致每处理 1 t 乏燃料约需 2 m^3的空间，这对废物处置库带来极大挑战。

（三）乏燃料放射性长期毒性高，安全处置所需的时间太长

由于乏燃料中包含了所有的放射性核素，其长期放射性毒性很高，要在

处置过程中衰变到天然铀矿的放射性水平，将需要 10 万年以上（图 4-3 最上方曲线所示），如此漫长的时间尺度带来诸多不可预见的不确定因素。所以，“一次通过”方式对环境安全的长期威胁极大。

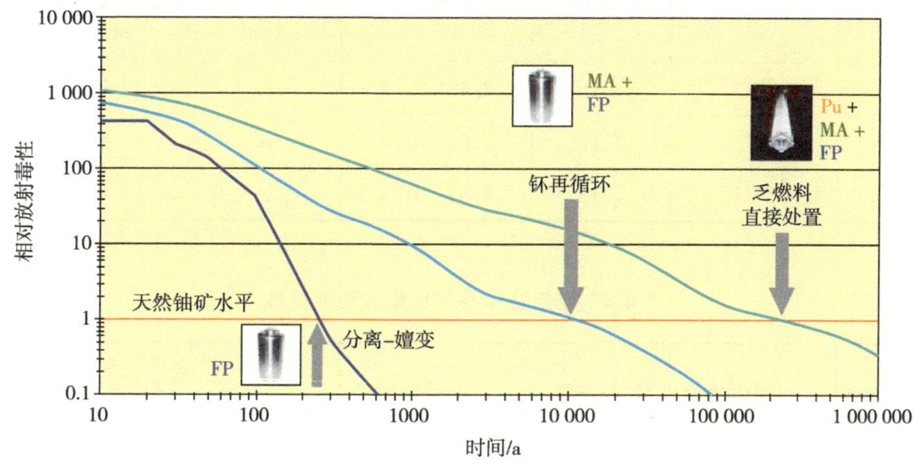

图 4-3　不同核燃料循环方式下高放废物放射性毒性随处置时间衰减情况

第五节　堆后铀利用问题

一、堆后铀的技术特征

（一）堆后铀的同位素特征

经过后处理回收后得到的堆后铀的铀同位素组成与天然铀不同，天然铀中仅含有^{234}U、^{235}U 和^{238}U 3 种铀同位素，而在堆后铀中还含有几种在反应堆中产生的合成铀同位素，包括^{232}U、^{233}U、^{236}U 和^{237}U。天然铀和堆后铀中不同铀同位素之间的特征如表 4-3 和表 4-4 所示。每种铀同位素均属于 4 个可能的放射性衰变系列之一，通过 α 衰变和 β 衰变最终形成铅或铋的稳定同位素。尽管后处理过程不会改变乏燃料中铀同位素的比例或含量，但后处理过程中可能导致不同批次乏燃料中铀的混合，使产品中铀同位素比例发生变化。

表 4-3 天然铀中铀同位素的衰变特性

母体核素	铀同位素	衰变产物	半衰期	放射性衰变	
				类型	有效 MeV
^{238}Pu	^{234}U	^{230}Th	2.45×10^{5} a	α	4.859
^{239}Pu	^{235}U	^{231}Th	7.04×10^{8} a	α	4.679
^{242}Pu	^{238}U	^{234}Th	4.47×10^{9} a	α	4.270

表 4-4 堆后铀中铀同位素的衰变特性

母体核素	铀同位素	衰变产物	半衰期	放射性衰变	
				类型	有效 MeV
^{236}Pu	^{232}U	^{230}Th	68.9 a	α	5.414
^{237}Pu	^{233}U	^{231}Th	1.59×10^{5} a	α	4.909
^{240}Pu	^{236}U	^{234}Th	2.34×10^{7} a	α	4.572
^{241}Pu	^{237}U	^{237}Np	6.75 d	β	0.519

堆后铀中铀同位素的含量变化受燃耗水平和冷却时间的影响。我国核电堆型以压水堆为主，在正常燃料管理下，压水堆燃料的^{235}U 在燃烧过程中减少，同时部分^{238}U 转化为其他同位素。^{234}U 的含量与燃耗水平相关，燃耗升高时^{234}U 含量逐渐降低，而^{236}U 则随着燃耗增加而升高，与^{234}U 的变化趋势相反。乏燃料在贮存冷却期间，^{235}U、^{236}U 和^{238}U 的含量基本保持不变，^{232}U、^{233}U、^{234}U 和^{237}U 的含量则受到冷却时间的影响。经过后处理厂加工分离后的堆后铀通常需经过浓缩，部分同位素会随^{235}U 浓缩过程被浓缩。从表 4-5 可以看出，与天然铀乏燃料中铀同位素含量相比，堆后铀中的^{235}U 浓缩到 5%后，^{232}U 和^{234}U 的含量分别增加约 3 倍和 6 倍，大部分^{236}U 也随^{235}U 浓缩，含量增加约 2.7 倍。

表 4-5 再次浓缩后^{235}U质量分数为 3.25%和 5.0%的堆后铀中铀同位素组成

铀同位素	燃耗为 48 GWd/t 的原始压水堆天然铀乏燃料（初始丰度 4.5%，冷却 5 年）	^{235}U 丰度为 3.25% 的浓缩堆后铀	^{235}U 丰度为 5.0% 的浓缩堆后铀
^{232}U	2.86×10^{-9}	4.8×10^{-9}	7.6×10^{-9}
^{234}U	0.022%	0.085%	0.133%
^{235}U	1.03%	3.25%	5.0%
^{236}U	0.58%	1.09%	1.55%
^{238}U	92.10%	95.25%	93.23%

（二）堆后铀的化学杂质特征

堆后铀中的化学杂质主要来自核燃料反应产生的非铀元素及后处理过程中燃料组件的溶解，组成较为复杂。尽管后处理过程中能有效去除大部分高活性裂变产物，但这些核素的残留仍对堆后铀的放射性活度有影响。在后续处理过程中，Pu 和 Np 容易从 UF_6中去除，但杂质元素如硼、钨、锝等在转化和再富集过程中可形成挥发性氟化物，影响堆后铀产品的纯度。随着时间的推移，堆后铀中衰变产物的存在会不断增大，需要对堆后铀的储存和燃料制造过程增加适当辐射屏蔽。此外，堆后铀在经过长时间的贮存后，还需要进行化学净化，去除衰变产物。

（三）堆后铀的放射性水平特征

堆后铀含有放射性较强的铀同位素及其衰变产物，放射性活度约为天然铀的 11 倍，尤其^{237}U 在刚后处理分离时是主要放射源，但因其半衰期短（6.75 d），在两个月后放射性会显著降低。虽然^{232}U 的含量较少，其衰变产物^{208}Tl 产生的强放射性对放射性水平有较大影响。如图 4-4 所示，经过这一段时间，堆后铀的放射性活度会降至 78 000 MBq/tU 左右，约为天然铀的 5 倍，且对于非浓缩堆后铀燃料制造来说，只要将原生产线稍加屏蔽即有可能使剂量当量降至允许剂量当量以下（允许剂量 0.05 Sv/a）。

（四）堆后铀的化学形式

后处理产出的堆后铀可能以不同的化学形态存在，如六水硝酸铀酰（$UO_2(NO_3)_2 \cdot 6H_2O$）或铀氧化物（UO_3）。并且根据路线的不同，这些原料可以立即加工，也可以再储存起来，通常以 UO_3、U_3O_8或 UF_6的形式储存。

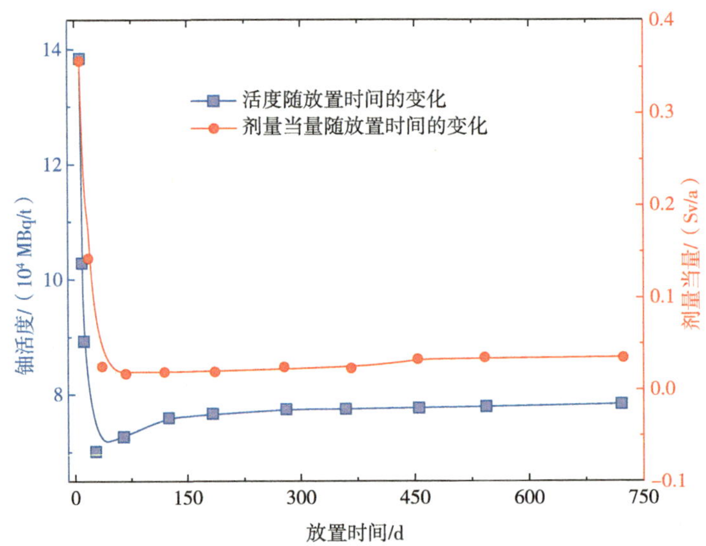

图 4-4　堆后铀的放射性活度及剂量当量随时间的变化曲线

二、堆后铀应用的国际进展

（一）法国

法国一直采用闭式燃料循环政策。在 UP1 厂服役期间处理了 18 260 t HM 的乏燃料，生产了约 17 300 t HM 的堆后铀，位于 La Hague 的 UP2 和 UP3 工厂的额定产能为 1700 t HM/a。至 2003 年底，La Hague 处理了 19 400 t HM 轻水堆乏燃料，生产了 18 400 t HM 堆后铀。堆后铀在 Pierrelatte 铀浓缩厂转化为U_3O_8或 UF_6，后者在 Pierrelatte 铀浓缩厂或俄罗斯谢韦尔斯克厂进行再浓缩，浓缩后的 UF_6 被送至法国阿海珐公司的罗芒工厂转化成 UO_2 并制成燃料组件。在法国堆后铀回收过程的每个步骤的储存时间都尽可能短，以尽可能降低 ^{232}U 衰变产物的放射性影响。

从 20 世纪 80 年代开始研究堆后铀的使用，1987 年，法国 Cruas 核电厂首次使用堆后铀燃料，1994 年在 Cruas-3 压水堆上装载了 24 个堆后铀组件，到 2003 年底，约获得 9600 t 源自法国压水堆乏燃料的堆后铀，其中 2900 t 已在压水堆核电厂中使用。尽管 2010 年因绿色和平组织等民间反对，暂停了将堆后铀运往俄罗斯再浓缩，但法国在 2018 年仍决定重启堆后铀的使用。法国克律亚斯核电厂 2 号机组于 2024 年 2 月 5 日重启，成为全球首台全堆芯装填堆后铀燃料的核电机组，意味着法国在闭式燃料循环领域实现了里程碑式进展，继续向实现更强能源独立性和环境可持续性目标迈进。

（二）俄罗斯

俄罗斯拥有工业规模的堆后铀、钚生产及燃料加工经验，在堆后铀（RepU）管理和回收方面有 50 多年的经验，并且在 RepU 回收方面提供从放射化学处理和净化到燃料组件（FA）制造的全方位核燃料循环（NFC）服务。图 4-5 为俄罗斯正在实施二元核能体系下的闭式燃料循环图。

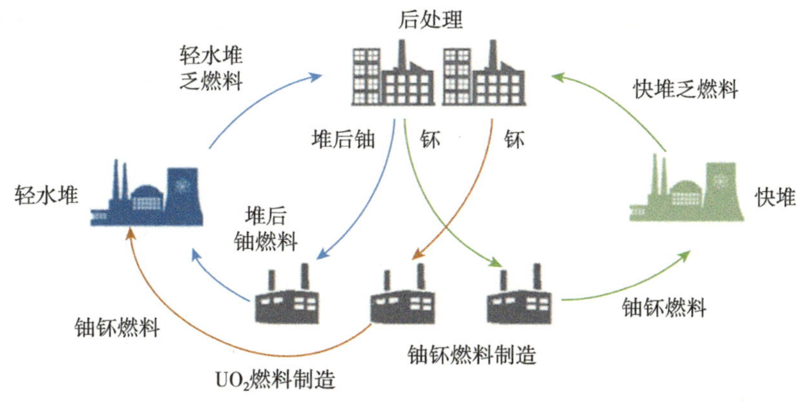

图 4-5　俄罗斯正在实施二元核能体系下的闭式燃料循环体系

俄罗斯 Mayak 的 RT-1 综合设施使用 PUREX 分离工艺处理成分，能够生产高浓堆后铀和低浓堆后铀。自 1977 年开始将堆后铀引入核燃料循环，利用 RT-1 生产设施处理乏燃料中的堆后铀，并生产 RBMK 和 VVER 反应堆燃料组件。该过程中堆后铀再浓缩到 2.6% ^{235}U 用于制造 RBMK-1000 燃料。同时俄罗斯是少有的能够在工业规模上提供堆后铀燃料混合制造的国家，主要设施包括谢韦尔斯克厂的 SCC 和埃列克特罗斯塔尔的 MSZ。俄罗斯 JSC TVEL 公司通过 JSC MSZ 采用混合（包括与高浓堆后铀、低浓铀以及天然铀混合的不同方案）和直接富集方案制造堆后铀二氧化铀粉末，以最大化堆后铀燃料的利用效果，不同堆后铀循环路线的对比如表 4-6 所示。OAO 公司拥有专用的堆后铀燃料元件生产线，燃料组件的额定产能为 1600 tU/a，浓缩堆后铀燃料的制造过程与 ENU 燃料相同。此外，根据与西门子/法国法马通公司（AREVA NP）的协议，它还为西方轻水堆生产浓缩堆后铀燃料组件。

表 4-6　当前俄罗斯不同堆后铀循环方案的对比

路线	消耗天然给料和 RepU 给料以满足 LWR 1000 的需求		平均 ERU 质量，包括同位素含量		ERU 价值，按当前市场价格计算的 ENU 值的百分比指标
	天然铀进料/(tU/a)	堆后铀进料/(tU/a)	^{232}U/ppb	^{236}U/%	
混合	0	15~18	2~5	0.4~0.5	<50
堆后铀和天然铀稀释	120~170	20~60	2~5	0.3~0.6	85~95
直接富集	0	150	7~20	1.5~1.7	60

（三）英国

B204 是英国第一个后处理厂，1964 年被 B205 取代并在随后改为 B205 的预处理厂，但 1973 年 9 月 B204 发生事故后未能恢复运行，B205 可用于处理军事和民用燃料。Thorp 厂于 1994 年投入商业运营，年处理能力为 800~900 t HM，主要处理 AGR 燃料。20 世纪 90 年代末，BNFL 建造了 Line 3 Hex 工厂，但于 2003 年初放弃。Urenco 公司在 Capenhurst 工厂对 3000 t 铀的 ex-Magnox 材料进行了再浓缩。Thorp 产品存储在 150 kg 铀的不锈钢桶中于 Sellafield 专门建造的仓库中存放，Magnox 的堆后铀则是最终转移到 Capenhurst 进行长期储存。自 20 世纪 60 年代英国于 Magnox 计划启动以来，一直到 2004 年，通过对轻微辐照燃料进行后处理，已回收了超过 35 000 t 堆后铀。其中，超过 16 000 t 已被重新转化、再浓缩，制成先进气冷反应堆（AGR）的燃料，并装载到英国 AGR 中，到 90 年代中期，约 60%的 AGR 燃料是由 Magnox 反应堆乏燃料堆后铀制成。

（四）日本

日本的东海村（Tokai）后处理厂从 1977 年开始试验，1980 年满功率运行，截至 2003 年已处理 1023 t 轻水堆乏燃料。2006 年日本在六所村（Rokkasho）开始运营一个 800 t HM/a 的商业后处理厂，其处理能力为 800 t HM/a。预计到 2025 年，堆后铀的总产量将达到 15 000 tU。日本在堆后铀利用方面积累了丰富的经验，包括堆后铀与低浓铀掺混、与钚制成 MOX 元件以及直接再浓缩等。低燃耗燃料产生的堆后铀可以通过再浓缩循环利用，而高燃耗乏燃料产生的堆后铀适合用于 MOX 燃料。1989 年，日本 PNC 离心厂开始运行，并与关西电力和东京电力公司进行了堆后铀再浓缩测试，成功生产燃料并用于核电厂。日本有四个工厂可以生产再浓缩的堆后铀燃料，UF_6转化为 UO_2仅在三菱核燃料公司进行。截至 2004 年底，日本已使用 340 tU 的堆后铀，生产了约 62 tU 的再浓缩压水堆燃料和 5 tU 的沸水堆燃料。此外，在东海核电厂处理过的堆后铀于 1983 年首次作为 4 个 MOX 燃料组件引入福根反应堆，并在 1986—1988 年间将 MOX 乏燃料处理后得到的堆后铀进行了二次循环使用验证。

三、堆后铀使用必要性

（一）有利于堆后铀安全管理

我国一直坚持闭式燃料循环战略，随着后处理能力提升，后处理产生的堆后铀量将不断增加①。按照 2035 年建成投运千吨级后处理大厂测算，我国后处理设施到 2040 年的堆后铀累计产生量预计将达到约 1.2 万 t。我国未来堆后铀产量较大，亟须寻找循环路径。

（二）有利于提高天然铀利用率

作为铀资源重要补充方式，堆后铀的开发利用具有广泛的应用前景。若堆后铀全部循环利用，可以提高铀资源利用率 10%～15%，减少对天然铀的需求，缓解天然铀保障供应的压力。

四、堆后铀利用途径

总结堆后铀利用的各国经验，主要有 4 种可能途径。第一，直接回收堆后铀用于重水堆。直接回收避免了浓缩成本，提高了燃料的经济性。第二，堆后铀经过浓缩后使用。这种方式虽然技术上可行，但会增加放射性和中子损失，需要提高 ^{235}U 的富集度，导致经济吸引力下降。第三，将堆后铀与中、高丰度的浓缩天然铀混合使用。这种方法能够减少堆后铀中 ^{232}U 和 ^{236}U 的含量，同时满足反应堆的要求，适用于 CANDU 等堆型。第四，将堆后铀作为 MOX 燃料的基体，可在压水堆和快堆中使用，提高铀资源利用率。MOX 燃料已经在全球多个反应堆中使用；REMIX 燃料则是一种新的途径，结合了堆后铀和钚，简化了后处理流程，降低了成本，并符合核不扩散要

① 轻水堆乏燃料中大约 93.6%的铀，1.2%的钚，其他的为次锕系元素和裂变产物。

求，理论上其优势比 MOX 燃料更明显。

（一）压水堆使用

堆后铀在压水堆中的应用可通过再浓缩、掺入中高丰度浓缩铀和制备 MOX 燃料等方式实现。直接再循环堆后铀无需浓缩，有助于保持^{232}U和^{234}U在较低水平。然而，浓缩堆后铀面临^{232}U、^{234}U和^{236}U含量的限制。其应用的主要步骤包括：堆后铀分离与储存，通常转化为 UF_6或 UO_2；转化和处理，去除化学杂质并净化；堆后铀富集；堆后铀 UO_2燃料制造，采用与天然铀相同的工艺，但需额外辐射防护。将堆后铀作为 MOX 燃料基体时，由于其丰度略高于贫铀，钚的用量相对减少。使用堆后铀代替贫化铀生产 MOX 燃料具有工艺一致的优势，且不会影响现有天然铀设施的运行。总体而言，堆后铀在压水堆中的应用涉及铀浓缩、燃料设计制造、中子调节和安全监测等关键技术，需对现有生产线进行改装并加强辐射防护。

（二）重水堆使用

重水堆可通过直接使用堆后铀或掺入贫铀来制造等效天然铀燃料等方式。利用堆后铀生产的重水堆燃料放射性水平仅比天然铀燃料高 2～4 倍，成本较低。但直接使用堆后铀仍需增加防护措施以应对较高的放射性；使用等效天然铀制造燃料，通过掺入贫铀以补偿^{236}U等核素的中子吸收影响，需严格控制混合工艺。此外，DUPIC（直接利用乏燃料在 CANDU 反应堆中）燃料循环通过将乏 PWR 燃料直接用于 CANDU 反应堆，实现钚利用和核废料管理。此循环减少 30%铀需求，相比 PWR 系统减少 LWR 废料储存需求及废料产生量。DUPIC 系统经济性优于传统再处理方法，还可提高防扩散性，改善燃料循环效率和废料管理策略。总体而言，重水堆对燃料丰度要求灵活，可以作为使用堆后铀燃料的主力堆型，相关成本较低，但需要考虑贮存、转化、混合、组件设计和防护措施等方面。

（三）快堆使用

堆后铀在快堆中应用的可行途径主要是将堆后铀用于制造 MOX 燃料，替代贫铀作为 MOX 燃料的基体。目前没有发现堆后铀在金属、氮化物或碳化物等其他快堆燃料领域的研究。MOX 燃料的制造通常采用粉末冶金工艺，包括 UO_2和 PuO_2粉末的球磨混合、造粒、压制成型、高温烧结和磨削等步骤。MOX 单棒制造工艺类似 UO_2单棒，但需在严格密封和屏蔽的环境下进行，以防止 α 污染和确保钚同位素分布均匀。MOX 燃料组件制造也类似 UO_2，但因其高放射性需要加强屏蔽防护。

（四）小结

堆后铀利用应以重水堆、压水堆使用为主要路径考虑，兼顾快堆与其他堆型。当前，重水堆使用堆后铀已得到工程验证，还应尽快安排压水堆使用堆后铀相关科研攻关项目，配套建设科研条件保障能力。

第六节　我国建立核电厂乏燃料处理处置基金的历史溯源

一、2008 年前开展的工作

虽然我国各核电厂在其工程建设的有关投资和运行成本中都包含了对乏燃料处理处置的相关内容，但在 2008 年时，我国还没有针对核电厂乏燃料处理处置资金收取、管理和使用的专门法规。1995 年，为促进核电事业发展，保证乏燃料处理处置资金的合理列支和及时提取，在参考国外相关经费提取方式的基础上，财政部在《关于核电企业财务成本管理中有关问题的通知》（财工字〔1995〕27 号）中规定“乏燃料后处理费，包括贮存、运输、化学处理以及最终处置费用”列入核电企业成本开支范围，要求“此项费用由核工业总公司参照国际标准和国内实际情况，每年提出具体的提取标准，报财政部批准后执行”，并于 1997 年在《关于批复秦山核电站 1997 年度乏燃料后处理费预提标准的函》（财工便字〔1997〕119 号）中同意“乏燃料后处理费预提标准为人民币 8300 元/公斤铀”。

2008 年，各核电厂上网电价中均包括了乏燃料处理处置的费用，但其计提或预留的情况各不相同，而且这部分资金均由企业管理。例如，秦山一期核电厂从 1996 年开始按照 0.032 元/（千瓦・时）提取乏燃料处理资金；秦山二期核电厂则是按 1997 年财政部批准的 8300 元/公斤铀（相当于 1000 美元/公斤铀）的标准换算为单位发电量计提金额，并采取前低后高的阶梯方式提取，2004—2011 年按 0.002 元/（千瓦・时），2012—2021 年按 0.042 元/（千瓦・时），2022 年以后按 0.06 元/（千瓦・时）计提；大亚湾核电厂按照乏燃料的金属含量并参照财政部规定的预提标准计提；岭澳核电厂则参照大亚湾核电厂的做法。

综上，我国核电厂在乏燃料处理处置资金的计提（预留）和管理上存在很大差异。首先，乏燃料管理资金的计提方式不一致，有的单位是按照重金属量进行提取的，有的单位则是按照发电量提取；其次，计提标准不统一，各单位之间计提的数量差别比较大；第三，计提的时间也有很大的不同，有的单位从运营之初就开始了计提，有的单位则是分段计提。但是，总体来说，各单位均对乏燃料处理处置所需经费的提取作出了安排，且提取标准控制在 0.03 元~0.034 元/（千瓦・时）。

二、国外乏燃料处理处置资金的管理模式

国际上存在着 4 种乏燃料处理处置资金管理模式。

第一种是绝大多数国家采用的“基金”模式。即由核电厂在发电成本

中按国家规定费率列支。按照基金管理机构的不同，又可将其分为国家管理模式（政府或者政府机构作为资金管理机构）、法律授权第三方管理模式（委托一个第三方非营利机构作为资金管理机构）、主要利益相关方（核电厂、后处理厂、废物管理单位、国家代表、公众代表）联合管理模式和责任转移给营运单位管理模式 4 种。在“基金”模式下，无论采取哪种具体管理方式，都是由政府负责制定管理规范和指南。

第二种是法国采用的“储备金”模式。法国只有一家核电公司，即法国电力公司。法国电力公司根据当年的发电情况，在企业支出账中以“未来费用—储备金”的名义列支这部分未发生的费用，并负责管理。但要经过国家财政部门的批准并接受监督和检查。“储备金”的金额则是按照其在发电成本中所占比例计提，具体的分配比例是：退役 4%～5%；后处理 10%；废物贮存和最终处置 2%～3%。

第三种是不设立乏燃料管理基金，乏燃料由各核电公司自行负责管理。采用该种模式的主要是加拿大。加拿大以重水堆核电厂为主，由于重水堆乏燃料不具有大量可回收利用的铀、钚物资，因此，其乏燃料除进行长期储存外，主要是研究有关地质处置问题，有关乏燃料处理和处置的研究和开发费用由联邦政府和地方政府联合承担，并得到电力公司的部分资金支持。

第四种是不设立乏燃料管理基金，一切与乏燃料有关的费用均由政府机构按照计划统一安排。采用该种模式的主要是俄罗斯。核电厂按计划把乏燃料运到后处理厂。而乏燃料的后处理、乏燃料和核废物处置都由政府拨款按计划进行。

三、乏燃料处理处置基金计提标准的测算

（一）计提方式

有关乏燃料处理处置基金的计提方式国际上大致有 3 种做法：一是按照

单位发电量提取，计提的标准各个国家有所不同，并且不定期进行调整。二是按照发电成本的比例提取，如法国以“储备金”方式，从开始发电起按核电成本的13%提取。三是按照乏燃料中重金属量（kg）为单位计算提取。在2008年时，按照单位发电量提取，各国计提范围大约为3~6美厘/（千瓦·时）不等。按照重金属量提取，国际上对轻水堆乏燃料单位后处理一项的收费标准约为800美元~1000美元/公斤重金属；在不返回铀、钚产品的情况下，如加上高放废物处置费用约为1000美元~1800美元/公斤重金属不等。

大多数国家采用的是第一种做法，即按单位发电量提取。这种提取方式对不同的核电厂采用同一费率，避免了第二种方式中不同核电厂上网电价不同所造成的发电成本的差异。根据发电量与乏燃料量之间的定量关系，按单位发电量提取更具科学性。根据我国核电厂运行的实际情况，我国乏燃料处理处置基金也拟采用按照单位上网售电量计提（厂用电量除外）的方式。

（二）测算方法

根据财政部批复，我国2008年时乏燃料处理处置费为1000美元/公斤铀左右。大亚湾核电厂、秦山一期核电厂与中国核工业集团公司的乏燃料接管合同都是按照这一费用计提标准签订的。按照这一计提标准，结合我国核电厂运行的实际情况（燃耗、热效率、厂用电量等有差异），综合分析后分别取核电站燃料的燃耗和热电转化效率为35 000千瓦日/公斤铀（相当于12个月换料周期）和34%，厂用电取6%，美元对人民币汇率取7，则可计算出：

每公斤铀的发电量：35 000×24×34%＝2 856 000千瓦·时

每千瓦时电折合美元：1000美元÷285 600千瓦·时＝0.003 5美元/（千瓦·时）

每千瓦时电折合人民币（按照1∶7计）：0.003 5×7＝0.024 5元

考虑到核电厂的自用电后，每千瓦时电折合人民币：0.024 5÷（1−6%）=0.026元

因此，本办法单位上网售电量计提费率标准定为0.026元/（千瓦·时）。

（三）计提时间

考虑到核电厂运行前期还贷压力，具体计提时间从核电厂投入商业运行后的第六年开始，按照当年核电企业实际上网售电量计提并在次年规定时间内上缴到专用基金账户。

需要说明的是，上述乏燃料处理处置基金的计提方式和额度都是按照压水堆核电厂的情况进行考虑的，在我国还有重水堆核电厂情况。由于国内重水堆核电厂产生的乏燃料处理处置与压水堆核电厂不同，只包括了乏燃料离反应堆场址的运输、乏燃料后处理或直接处置、后处理设施及其废物处理与处置设施的关闭退役和长期监护3个部分，而不包括离反应堆场址的中间贮存、后处理产生的废物的处理与处置。因此，对重水堆核电厂乏燃料处理处置基金的计提也应有所区别，拟另行研究制订。

第七节　核电厂乏燃料后处理价值探索

我国实行核燃料闭合循环战略，即采用乏燃料后处理−再循环的技术路线和策略。后处理−再循环策略包括：乏燃料运输、乏燃料后处理（含乏燃料中间贮存、中低放废物处理处置）、高放废物最终处置、后处理铀和钚燃料进行再循环利用。

乏燃料后处理可最大限度地回收铀和钚，并使其在热堆或快堆中进行循环再利用。因此，后处理经济性不仅体现在后处理项目本身的经济性上，也包括回收的铀和钚再利用贡献的价值。回收铀和钚的价值主要表现在以下3

个方面：

一是通过回收铀和钚的再循环利用，可替代天然铀燃料供应需求，减小核燃料供应的价格风险，补偿并降低核电核燃料成本，提高核电的经济性和竞争力。

二是节约铀资源，提高铀资源的利用率。

三是通过后处理实现放射性废物最小化，减小高放废物的贮存量和贮存风险，减少处置成本。

一、后处理经济性

根据我国《核电站乏燃料处理处置基金征收使用管理暂行办法》规定，乏燃料后处理厂建设、运行所需资金由国家征收的乏燃料处理处置基金方式进行筹集。因此，后处理经济性主要表现为乏燃料处理处置基金征收标准的经济合理性，处理处置基金对核电厂成本乃至核电经济性有影响。

国际上通用的乏燃料后处理-再循环经济评价方法为：基于核燃料循环各环节的平准化分析法，其评价结果在很大程度上取决于计算方法及众多的原始数据，包括核电的发展规模、天然铀的价格、乏燃料的燃耗、乏燃料后处理及 MOX 燃料制备费用、已分离的钚、铀及乏燃料的贮存时间、废物的最终处置的方式等。

我国乏燃料处理处置基金征收标准为 0.026 元/（千瓦·时），约占核电厂发电成本的 10%左右，略高于法国标准（法国乏燃料处理成本为核电成本的 5%~7%）。

根据 IAEA 报告（2013 年），对于 800 t/a 经济规模的商业后处理厂，其建设费用为 100 亿~150 亿美元，运行维护费用为 5.5 亿~7.5 亿美元/年。因此，800 t 商业后处理厂成本为 933~1384 美元/kg HM，相当于 0.017~0.025 元/（千瓦·时）（1 美元=6.5 元）。

我国乏燃料处理处置基金包含乏燃料运输，乏燃料后处理厂的建设、运行以及高放废物的处理处置等产生的费用。根据法国后处理经验，在后段费用中乏燃料运输费用为7%，后处理建设、运行经费为85%，废物处置费用为8%。乏燃料处理处置基金中可用于后处理厂建设、运行的费用为0.022元/（千瓦·时）。

初步估算，对于首座千吨级后处理厂项目，征收的乏燃料处理处置基金总额基本可以满足后处理厂的建设、运行的资金需求。

二、回收铀和钚的价值

后处理铀和钚再利用收入受我国核燃料政策以及天然铀市场价格影响。从核燃料循环角度，后处理铀和钚燃料（MOX燃料）代替天然铀燃料，在节约天然铀资源的同时，后处理铀和钚燃料（MOX燃料）价格相比天然铀燃料价格的差值，可视为核燃料循环的收益，也就是相当于核电站燃料成本降低而增加的收益部分。

国际上，对于后处理回收的铀和钚的价值，一般采用等效原则进行估算，即假设产生相同能量的回收铀和钚制造的燃料（MOX燃料）与天然铀燃料是同等价格。基于上述等效原则，在天然铀市场价格高涨的情况下，天然铀燃料节省的成本将冲减回收铀和钚的燃料增加的成本，则回收铀和钚具有价值且产生一定收益，天然铀市场价格越高其收益越大。回收铀和钚产生的收益可以补偿核燃料循环后段成本，进而降低核能发电成本，提高核电经济性。

但必须看到，即使回收铀和钚不产生收益，若不进行利用而对其进行贮存（特别是钚），每年将发生一笔不小的费用开支。

提高MOX燃料性能和经济性，实现MOX和UO_2燃料的等同性，力求MOX燃料组件和UO_2组件在管理上可相互替换，对提高钚在反应堆中的燃料水平和乏燃料后处理–再循环的经济性起着主要的作用。

三、环境和社会价值

在关注后处理乃至核燃料循环经济性的同时，应该看到，从核燃料产业的适度超前和长远发展战略考虑，经过乏燃料后处理项目的实施，对我国铀资源的节约和利用效率，放射性废物最小化，以及我国后处理技术进步、后处理相关设备制造技术、后处理产业发展和稳定人才队伍等带来显著的环境效益和社会效益。

第五章　聚变堆发展研究

第一节　优势与劣势

一、优势

一是氚原料供应充足。核聚变使用的燃料非常丰富，地球上的海水中含有大量的氘，而氚可以通过锂反应生成，这意味着核聚变可以提供几乎无限的能源供应。

二是环境友好。核聚变反应过程中不产生二氧化碳等温室气体，因此对气候变化的影响较少。此外，聚变反应产生的放射性废物较少，处理难度较低。

三是固有安全性高。聚变反应需要极高的温度和压力，一旦反应条件发生偏离，反应会自动停止。

二、劣势

一是技术难度大。核聚变需要极高温度和高压条件下进行，维持这样的反应条件是一个巨大的工程挑战。当前阶段的技术还无法实现工程化的核聚变反应。

二是成本较高。研发和建造核聚变堆的成本非常高，当前的核聚变装置ITER 项目，已经花费了数百亿美元，并且还需要进一步投资才能实现工程化。

三是燃料供应问题。尽管氚相对容易获取，但氚是一种放射性同位素，需要通过锂反应来生产，建立一个工程规模的稳定的氚供应链是一个复杂的工程问题，特别是在初装料阶段。

第二节　主要核聚变国家研发进展

一、中国

我国核聚变能研究开始于20世纪五六十年代，以实现受控核聚变能为主要目标，磁约束的研究主要基于托卡马克装置。我国可控核聚变经过多年积累，在托卡马克设计、大型磁体建造、包层技术、物理实验等多个方面已步入世界先进水平。

2020年，核工业西南物理研究院新一代“人造太阳”中国环流三号建成并实现了首次等离子体放电；2021年5月28日，习近平总书记在两院院士大会上指出，新一代“人造太阳”首次放电是我国基础研究和原始创新取得的重要进展；2022年中国环流三号装置突破115万安培等离子体电流。全球首台全超导的托卡马克EAST在长脉冲高品质等离子体约束研究方面居于世界先进水平，于2021年实现1056秒长脉冲运行，2023年创造了403秒H模放电的世界纪录。通过参与ITER计划，努力发挥科技创新的引领作用，我国相关企业和院所在聚变材料等相关领域的创新能力取得显著提高，通过深度承担ITER核心部件安装，我国核聚变技术、人才积累和核电建设能力获得国际聚变界认可，为我国自主建造聚变实验堆积累了必要的技术储备和组织管理经验。

二、美国

长期以来将聚变研究作为科学研究计划，将其作为颠覆性前沿战略科技，试图抢占先机，巩固其领先地位。其聚变研究开发目标是30年后建成发电量大于百万千瓦与裂变电厂性能可比的稳态聚变示范电厂，同时兼顾国防和太空战略等其他用途。

美国管理部门是能源部科学办公室下属聚变能源科学办公室（FES），2014—2020年FES获得的财政拨款从5亿逐年上升到7亿美元，重点支持聚变等离子体科学、聚变能源科学和技术研发3个方向，如聚变装置的科研运行和实验、国际合作、ITER采购包等。在积极参与ITER的同时，美国计划建设一个紧凑的试验堆，实现低成本聚变发电。同时，美国科学界提出了“聚变核科学设施FNSF”的概念，旨在研究解决聚变核辐射及复杂载荷场作用下聚变堆的工程技术问题，并为其本国聚变示范堆建造积累聚变材料、部件的考核数据。

自2019年以来，美国加大力度制定聚变研发的国家战略。能源部分别在2004年、2019年和2020年委托国家工程、科学和医药研究院（NASEM）开展聚变能源评估。2004年评估的结果支持美国重回ITER，部署了ITER采购包以及面向ITER等离子体物理的研发。2010年能源部部署了重点支持领域，DⅢ-D的科研和运行得到重点支持。2012—2014年DⅢ-D的运行和科研经费合计达6亿美元/年。2019年NASEM发布的“美国燃烧等离子体研究战略计划”的评估报告力挺美国维持ITER成员，认为这是美国从电厂规模的装置上获得燃烧等离子体经验的捷径，该报告同时倡议建造聚变先导电厂（Pilot Plant，PP），用最小化的投资尽快获得聚变能。能源部立即委托NASEM开展PP的评估。2020年NASEM发布了“将聚变引入美国电网”的评估报告，提出了2050年左右将聚变能引入美国电网的目标。2022年3月，能源部在白宫组织召开了聚变能源研发高峰研讨会，分析了美国的发展现状，认为数十年的聚变能源研发投入，目前正处在取得突破的关键节点，发布了聚变能源研发的十年计划，拟在2040年左右实现聚变能产出。2024年6月，能源部发布《2024年聚变能源战略》，并与白宫科技政策办公室共同推出“商业聚变能源十年宏伟愿景”。

三、俄罗斯

俄罗斯是核聚变研究最早的国家之一，是世界首个超导托卡马克诞生地，并一直保持领先水平，但由于经费问题，目前着重基础准备工作。俄罗斯聚变计划中的首要任务是全力支持ITER建成；同时，独立开展自己的核能研究工作。库尔恰托夫研究所和俄罗斯原子能机构共同制定了俄罗斯磁约束核聚变战略，目标是建造利用高温磁约束等离子体的氘氚反应原理的纯净热核聚变反应堆；开发并建造聚变中子源，加速核聚变应用。

聚变能源开发目标是：2010—2016年，参与ITER建设，同时进行T-15MD改造，进行以中子源为基础的混合堆物理基础研究，解决部分核能实际问题；2016—2031年，主要进行建造热核电厂所用材料的研发和试验；2032—2050年，计划对热核电厂的建造技术进行试验，建设热核电厂并投入商业运营。在俄罗斯《创新发展和技术现代化计划》中将受控热核聚变技术和创新等离子体技术的开发作为关键创新项目。

四、法国

积极参与ITER及欧共体核聚变项目，同时也发展自己的核聚变技术。ITER装置选址在法国南部的卡达哈什。法国政府长期以来支持聚变能的研发，通过参加ITER的建设和实验研究，立足全面掌握ITER的知识和技术，培养一批聚变工程和科研人才。20世纪90年代，法国参与的磁约束受控核聚变研究装置JET取得的重要成果宣告了磁约束托卡马克装置上开发核聚变能的科学可行性已得到证实，表明托卡马克是最有可能首先实现聚变能商业化的途径。法国拥有Tore Supra和LMJ等先进核聚变实验装置。

五、韩国

计划通过正在运行的大型超导托卡马克装置KSTAR过渡到ITER，再过渡到DEMO（2030年），在2040年建造聚变电厂。其中DEMO的设计从2020年开始，设计建造周期10年，聚变电厂的设计和建造周期也是10年。韩国聚变堆示范装置K-DEMO是韩国实现商用聚变电厂前的最后一步。

为聚变能源发展制定法律。2008年韩国政府颁布聚变能源开发促进法，表明韩国 DEMO 发展迈出了决定性的一步。在此框架内，韩国政府于 2012 年底启动了本国聚变堆示范装置的研发计划项目，已与美国 PPPL 达成协议，由韩国大田国家核聚变研究所与 PPPL 合作进行韩国聚变堆示范装置 K-DEMO 的概念设计。K-DEMO 设定的最终建成时间在 2037 年底之前，预计投资 9.41 亿美元。K-DEMO 项目分为两个阶段。第一阶段，称为 K-DEMO-1，为部件开发研制阶段；第二阶段，称为 K-DEMO-2，为部件利用阶段，产生聚变能并发电。完成整个 K-DEMO 项目之后，建造商业聚变电厂。K-DEMO 第一运行阶段的部件测试设施，从 2037 年运行到 2049 年左右。第二运行阶段，计划于 2049 年左右启动，为了全稳态运行和发电，将更换大部分内室部件。在技术与性能上，K-DEMO 距离商业聚变电站仅一步之遥。同时，韩国提出了“虚拟 DEMO”的概念，通过数字化演示 KSTAR 和 ITER 达到数字化演示 K-DEMO 的目标，从而降低 K-DEMO 的建造运行风险。如图 5-1 所示。

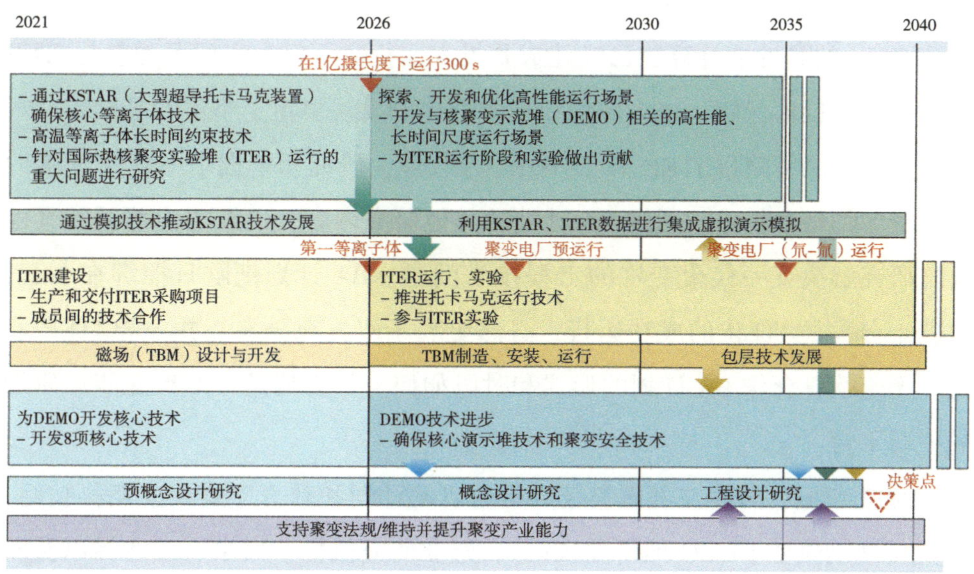

图 5-1　韩国磁约束聚变发展路线图

六、日本

ITER 最早的 3 个设计中心，分别位于美国的 San Diego（依托 GA 的 DⅢ-D 装置团队）、日本的 NAKA（依托 JT-60U 装置团队）和德国的 Garching（依托 ASDEX-U 装置团队）。ITER 完成工程设计进入商议联合建造阶段，日本放弃与法国（欧洲）竞争 ITER 的建设场址而获得和欧洲合作开展宽广路径（Broad Approach，BA）计划的机会。JT-60SA 作为 BA 计划的一部分，无氘氚的运行计划，在等离子体品质和装置工程特点方面与 ITER 相互弥补，作为 ITER 的卫星装置消化吸收 ITER、预演等离子体物理实验，并研究面向未来聚变堆稳态运行等离子体物理问题。除了共建 JT-60SA，BA 计划还包括国际聚变材料辐照设施 IFMIF 项目合作，以及国际聚变能源研发中心 IFRC。IFMIF 是基于加速器的聚变中子设施，用以开展聚变堆结构材料研究，以此为聚变堆的设计建造提供工程验证；而 IFRC 的主要任务是开展聚变堆的集成设计，以及建立 ITER 的远程数据和控制中心，目前 IFRC 的高性能计算机已经建成并投入运行，不仅为实现远程参与 ITER 实验提供了技术保障，也为数值模拟和程序的发展奠定了坚实的基础。

日本发展策略以 ITER 和 JT-60SA 为载体，研究和掌握下一代聚变堆的等离子体物理和技术，通过 BA 计划的其他研究内容，以及国内部署的其他设施研究解决下一代聚变堆的工程技术问题。BA 计划把欧日捆绑在一起，欧洲十分关注 ITER 的成功运行，必然更利于双方充分参与并主导 ITER 实验。无论欧日合作 BA 计划的形式和时段如何，都必将是日本聚变能源研发的重要平台。

2017 年底，日本文部省科技委员会研发计划和教育支委聚变能科技组，签发《激励聚变 DEMO 堆研发政策》，建立研究机构、大学、工业界以及政府的联盟。日本路线图见图 5-2，可以看出：1）并行部署 ITER 计划、JT-60SA、聚变中子源、DEMO 研发、包层研发、仿星器、高功率激光以及公众社会活动。2）利用 ITER、JT-60SA 和仿星器，研究解决等离子体的物理和技术问题，创新理念发展托卡马克以外的磁约束途径。3）该路线图与欧洲定义的下一代的装置都是DEMO，时间节点与ITER紧密联系。相比欧洲的ITER达成目标即启动DEMO建造的计划，日本则更为审慎，增加了“评估和检查”（Review & Check），确保包括ITER在内的所有科学技术问题得以解决，才触发DEMO建造。

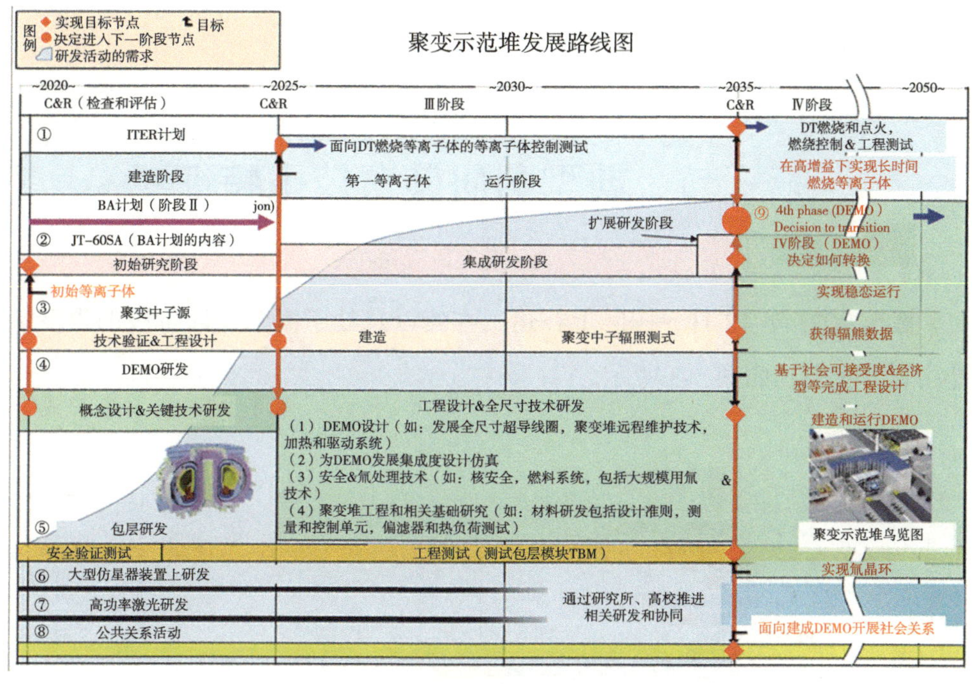

图 5-2 日本聚变能发展技术路线

七、印度

印度计划从目前的SST-1过渡到ITER，在ITER工程建造和实验的同时代建造SST-2开展国内研究，在2037年建成DEMO，在2049年左右建成聚变电厂，到2060年建造两个电功率1 GWe的聚变电厂。印度DEMO堆的目的是在Q~30的情况下产生1 GWe以上的聚变功率；装置因子最初约30%，最后将达到60%。使用期限预计为40年。在DEMO上的运行经验将用于未来聚变电厂的设计。印度提出了两个 DEMO 增殖包层概念：第一个是锂铅冷却陶瓷增殖剂（LLCB），第二个是常规固态包层概念即氦冷固态增殖剂（HCSB）概念。印度聚变发展路线计划 2037 年建成 DEMO，进行技术验证、反应堆部件和工艺验证、材料验证。预计在未来 30 年内，印度将广泛开展 DEMO 的各项活动。印度将着重开展聚变堆相关的综合物理模拟、超导磁体系统、偏滤器系统、先进材料以及电源、加热和电流驱动系统等技术的研发，争取在 2050 年左右建成聚变电厂。

第三节　典型科研装置技术特征

截至 2023 年 12 月，国际上在运、在建以及处于概念设计阶段的聚变装置共有 143 个，如图 5-3 所示。

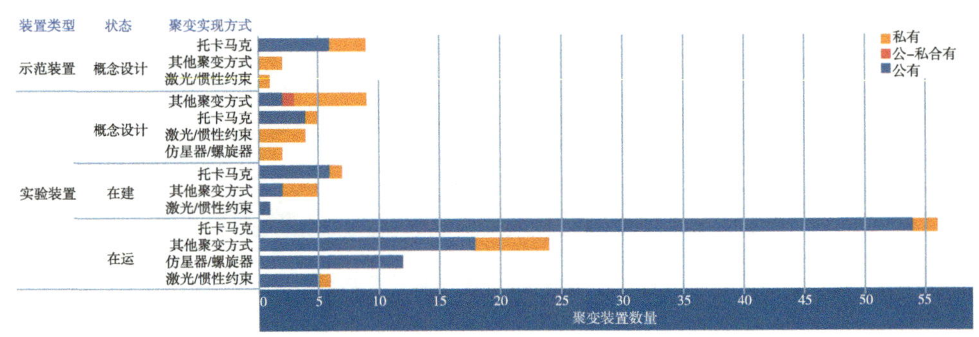

图 5-3　各类聚变装置进展情况

一、托卡马克装置

托卡马克是磁约束聚变装置的一种，其磁场位形由极向场和环向场组成，可以认为是环对称的。其中，环向场主要由外部环向场线圈提供，极向场则是内部等离子体电流产生的磁场与外部极向场线圈产生的磁场相平衡。它是目前磁约束聚变中最成功的方案，等离子体参数最高，已接近氘氚聚变科学可行性临界点。托卡马克装置如图 5-4 所示。

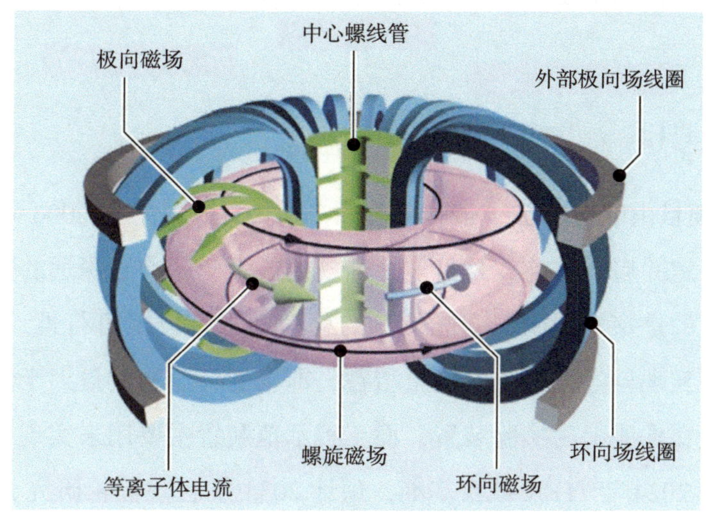

图 5-4 托卡马克装置示意图

目前，托卡马克最高离子温度为日本 JT-60U 通过中性束加热方式创造的 43 keV，约 5 亿度；等离子体压强最大的是美国 C-Mod 装置 2016 年创造的，达到 2 倍大气压，密度接近 $2.5\times10^{20}\ m^{-3}$；能量约束时间最长的是英国 JET，达到近 1 s；最高的氘氚聚变功率是 JET 在 1997 年创造的 16.1 MW；聚变释放能量最大的是 JET 在 2021 年创造的 59 MJ；最长的高约束模式运行的是中国 EAST 在 2017 年创造的 101 s。目前全球在建最大的聚变装置是国际热核聚变实验堆 ITER。

托卡马克的发展历史上有多个重要节点，包括 1968 年确认苏联的 T-3 托卡马克实现了近千万度等离子体温度的优良性能，1982 年德国 ASDEX 发现高约束模式，1997 年左右美国 TFTR、英国 JET 和日本 JT-60U 分别实现接近氘氚聚变临界增益条件的参数验证了磁约束聚变的科学可行性。

托卡马克另一个较大的物理困难在于它需要大的电流驱动，对于聚变堆，通常等离子体电流需 5 MA～10 MA，大电流容易引起不稳定性导致大破裂，对装置会产生较大破坏。

综上，托卡马克及其衍生，是目前第一梯队的聚变能源候选方案，其实现氘氚聚变增益的难度已不大。其困难在于进一步的优化，解决发电和经济性问题。

（一）ITER

ITER 项目由欧盟、美、俄、中和日等共 35 个国家于 2006 年正式签署联合实施协定并启动实施，是目前全球规模最大、影响最深远的国际科技合作项目，目的是探索利用聚变能发电的科学和工程技术可行性。ITER 项目主要目标为实现科学技术上的能量增益，即聚变释放的能量大于聚变燃料吸收到的能量，本质上为实验装置，而工程示范装置主要用来实现工程上的净发电。根据 2024 年 ITER 最新基准，预计 2034 年启动首轮研究，2039 年启动第一阶段氘氚燃烧试验。

ITER 项目仍处于建造阶段，土建工程已完成 85%；陆续完成了装配厂房、极向场线圈装配厂房、杜瓦车间等厂房的建设，正在进行托卡马克综合体厂房、水冷厂房、制冷厂房最后阶段的建设；关键部件研制已完成 80%，拟 2025 年实现首次等离子体放电所需的大部分系统及部件已在现场就位；安装已完成 70%，正按照交付进度同步推进，已完成包括装置支撑结构、磁体、馈线、真空室扇段在内的安装建设工作。

ITER 的主要技术参数见表 5-1。

表 5-1　ITER 装置的主要技术参数

指标名称	参数
状态	在建
等离子体大半径 R/m	6. 2
等离子体小半径 a/m	2
等离子体电流 I_p/MA	15
环向磁场强度 B_0/T	5. 3

ITER 项目进度有一定延后。初步分析原因包括：一是项目多方管理，接口复杂，管理难度大，组织效率不高。二是出现关键部件质量问题，影响安装进度。韩国与欧盟负责的真空室部件焊接坡口尺寸超差严重，导致无法焊接；韩国承制的冷屏部件由于强应力和残留氯元素清洗不彻底，导致腐蚀开裂。解决这些问题需要时间。三是 ITER 是由科学家主导的国际大科学计划，设计变更多，影响进度（如第一壁等）。四是 ITER 现任总干事 Pietro Barabaschi 对总体计划进行了调整，取消第一等离子体放电。

我国承担了 ITER 项目的 18 个关键部件研制任务，研制进度和质量处于合作七方的前列。我国承担 ITER 费用中的 80%为实物贡献（ITER 关键部件研制），其余 20%为现金贡献。

（二）HL-3

中国环流三号装置于 2020 年建成，是国内唯一具备堆芯级等离子体运行能力的大型托卡马克装置，是实现我国核聚变能开发事业跨越式发展的重要依托装置。2023 年 8 月，HL-3 在试运行中首次实现等离子体电流1 MA 下的高约束模式运行，创造了我国可控核聚变装置运行新纪录。这标志着我国核聚变研发面向聚变点火迈进重要一步。如图 5-5 所示。

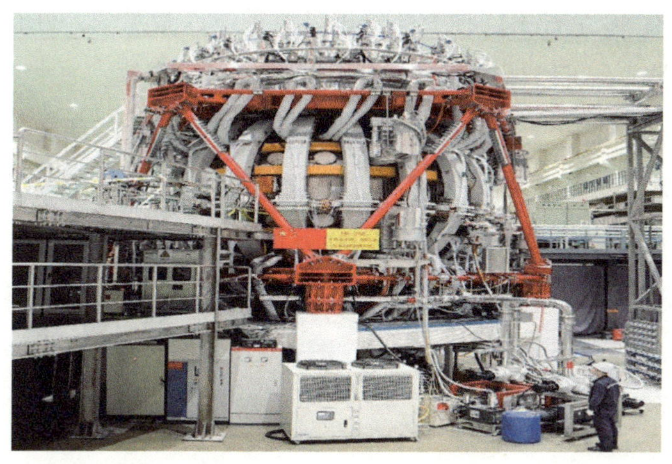

图 5-5　中国环流三号装置

HL-3 装置的主要技术参数如表 5-2 所示。

表 5-2　HL-3 装置主要参数

指标名称	参数
状态	在运
等离子体大半径 R/m	1. 65
等离子体小半径 a/m	0. 4
等离子体电流 I_p/MA	0. 48
环向磁场强度 B_0/T	2. 8

（三）HL-2

中国环流二号装置主机由环向磁场线圈、极向磁场线圈、真空室及支撑系统组成。最大环向磁场可以达到 2. 8 T，等离子体电流为 450 kA。HL-2 装置磁场线圈中的强电流由 3 套飞轮脉冲发电机组和大功率变流电源系统提供，总容量达到 300 MVA，一次脉冲释能为 1300 MJ。环形真空室由不锈钢制成，具有 200 多个大小不同的窗口，分别用于等离子体加热、加料和诊断等。在 HL-2 装置上发展了约 12 MW 的加热系统，包括 6 MW 的电子回旋加热系统，两条束线合计 4 MW 中性束系统和 2 MW 低杂波电流驱动系统。HL-2 装置上有 40 余种不同种类的先进等离子体诊断系统，分布在主等离子体区和偏滤器区，可以提供高时空分辨的等离子体参数。

该装置于 2002 年 12 月建成，创造了我国磁约束聚变历史上多个里程碑式的标志性成果，包括 2003 年实现我国第一个具有偏滤器位形的等离子体运行，2006 年等离子体温度达到 5500 万度。2009 年我国首次高约束模放电，高约束模的实现是一个装置综合水平的重要标志。2019 年我国最高比压达到 3 的等离子体运行。如表 5-3，图 5-6 所示。

表 5-3　HL-2 装置的主要参数

指标名称	参数
大半径/m	1. 65
小半径/m	0. 4
等离子体电流/MA	0. 48
环向磁场/T	2. 8
脉冲长度/s	1～5

图 5-6　HL-2 装置

（四）EAST

EAST 装置是世界上首个全超导的托卡马克装置，主要对建造稳态先进的托卡马克聚变堆的前沿性物理问题开展探索性实验研究，包括研究托卡马克长脉冲稳态运行的聚变堆物理和工程技术，构筑未来建造全超导托卡马克反应堆的工程技术基础。

2023 年 4 月，EAST 成功实现了 403 s 稳态长脉冲高约束模式等离子体运行，刷新了其在 2017 年 101 s 的纪录。

EAST 装置的主要技术参数如表 5-4 所示。

表 5-4 EAST 装置主要参数

指标名称	参数
状态	在运
等离子体大半径 R/m	1.7
等离子体小半径 a/m	0.4
等离子体电流 I_p/MA	1
环向磁场强度 B_0/T	3.5

（五）WEST

法国原子能委员会 CEA 负责研发的全钨偏滤器超导托卡马克装置 WEST，从 Tore Supra 装置基础改进而来。Tore Supra 托卡马克装置从 1988 年开始运行，而升级改造的 WEST 装置于 2016 年开始运行。WEST 是世界上首个使用超导磁体和主动冷却的面向等离子体部件（plasma facing components，PFC）的托卡马克装置。WEST 项目旨在验证在高热负荷下的钨偏滤器等部件，最终用于 ITER 项目。2023 年 2 月，在停运 1 年半后，CEA 重新启动 WEST 装置，以此来验证 ITER 中偏滤器的物理参数。

WEST 的主要技术参数见表 5-5。

表 5-5 WEST 装置的主要参数

指标名称	参数
状态	在运
等离子体大半径 R/m	2.5
等离子体小半径 a/m	0.5
等离子体电流 I_p/MA	1
环向磁场强度 B_0/T	3.7

（六）JET

JET 是由欧洲多国共同合作建造的磁约束聚变物理实验反应堆，位于英国卡拉姆聚变能源中心，其科学业务由欧洲聚变能源发展联合会负责运营。从 1983 年开始运行，主要目标是探索未来托卡马克热核反应堆的建设条件和等离子体行为。自 1983 年欧洲联合环 JET 投入运行以来，JET 一直是世界核聚变研究的核心。

JET 作为欧洲最大的托卡马克装置在聚变三重积方面屡创世界纪录，1991 年首次进行氘氚（D-T）核聚变实验，并产生巨大的功率，达到 1.7 MW 的聚变功率输出，基本上证实了地球上受控核聚变作为先进能源的科学可行性，树立了人类聚变研究史上的一个里程碑。1994 年，在改善约束研究方面取得了新进展，发现了中心负剪切模（CNS），对未来的核聚变反应堆设计及寻求先进托卡马克约束位形有重要参考意义；还进行了较低参数下的长脉冲实验（1 MA，2 min）。1997 年达到聚变输出功率 17 MW。对未来聚变更为重要的是，JET 实现了一系列构成外推至 ITER 基础的高约束模 4 MW 静态等离子体注入，持续时间为 5 s。2009 年后，JET 经历了多次升级改造。目前 JET 配置了一个仿 ITER 第一壁（铍壁）、一个仿 ITER 钨偏滤器和升级改造的加热系统，其核心地位超越了从前，如今，JET 更像是一个仿 ITER 装置，将继续为 ITER 运行所必须解决的重大问题提供答案。目前 JET 是唯一获得许可开展氚实验的运行装置，科学家们希望验证能够从氘等离子体观察的现象外推到氘氚等离子体，JET 氘氚实验的反馈对验证 ITER 现象具有决定性的意义，为科学家参与 ITER 运行做好准备。如图 5-7 所示。

图 5-7　JET 内部照片

JET 的主要技术参数见表 5-6。

表 5-6　JET 装置的主要参数

指标名称	参数
状态	在运
等离子体大半径 R/m	2.96
等离子体小半径 a/m	1.25
等离子体电流 I_p/MA	5
环向磁场强度 B_0/T	3.4

（七）DⅢ-D

美国能源部的 DⅢ-D 装置由通用原子公司（GA）管理。DⅢ-D 是目前还在运行中的世界第三大托卡马克装置（另外两个分别为欧盟的 JET 和日本的 JT-60SA）。在该装置上发现了平均比压超过 13%的稳定位形，在改善约束研究中，先后发现非常高约束模（VH 模）、中心负剪切模（NCS），在加热物理和电流驱动物理研究的很多领域的工作具有独特贡献。DⅢ-D 不仅开创了改善等离子体性能的等离子体放电位形，而且开创了分布控制。DⅢ-D 对目前的 ITER 设计做出了重要贡献，包括位形、破裂减缓系统、MHD 稳定性控制和 ITER 先进运行模式。稳定性研究为高 β 和超出自由边界限值的运行奠定了基础，也为电子回旋电流驱动撕裂模致稳的常规运行奠定了基础。发现剪切流在形成输运垒过程中的重要作用，实现了在整个等离子体截面的新经典离子约束。

DⅢ-D 项目主要用途为：1）对等离子体的优化研究，即高性能聚变等离子体的开发，以及通过运行模式和建模工具开发等方式为 ITER 性能优化研究提供支持；2）对稳态托卡马克的运行发电提供物理方面的基础；3）其他聚变科学研究工作。

DⅢ-D 的最大特点是等离子体参数可调范围非常大。这些参数包括等离子体的形状可以从正的三角形（即 D 形截面）变为反 D 形截面等。

DⅢ-D 的主要技术参数如表 5-7 所示。

表 5-7　DⅢ-D 装置主要参数

装置类型	传统托卡马克
状态	在运
等离子体大半径 R/m	1.7
等离子体小半径 a/m	0.6
等离子体电流 I_p/MA	2
环向磁场强度 B_0/T	2.17

美国 DⅢ-D 国家聚变装置与来自 15 个机构的研究人员合作开展了美国聚变研究历史上功率最高的反三角位形实验。如图 5-8 所示。

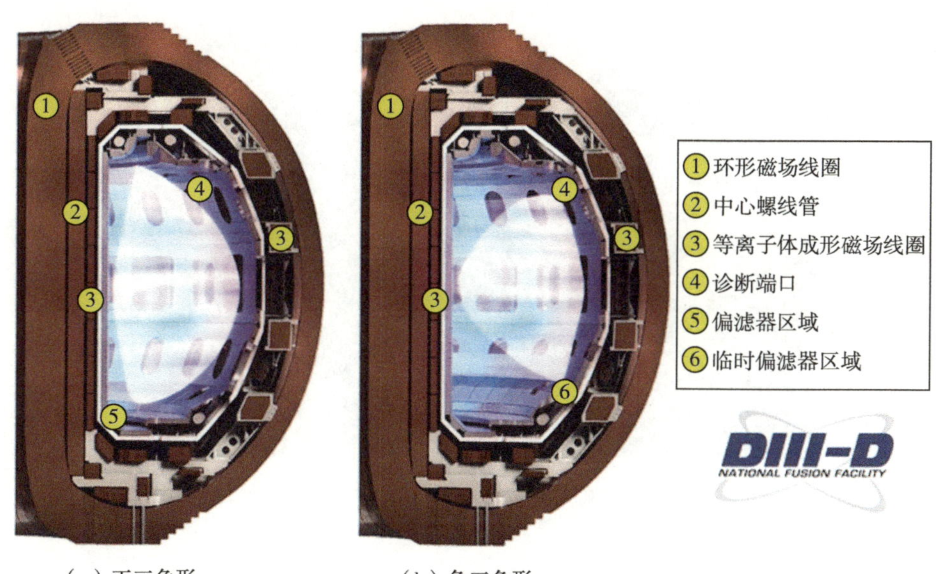

图 5-8　标准等离子体位形（正三角形）vs. DⅢ-D 反三角形等离子体位形

（八）JT-60SA

JT-60SA 由日本量子科学技术研究开发机构负责，由日本与欧洲共同研发的托卡马克实验装置，系 JT-60U 托卡马克聚变装置升级改造而来。

JT-60SA 被视为 ITER 的技术备份，但采取更为先进的设计。尽管日本被迫放弃了最具有商业前景的 D-T 反应，但却抢先构建出了各国在 ITER 成功后争相建设的原型堆。JT-60SA 将为 ITER 的长期运行提供必要的技术验证，反映其研究成果。2020 年 3 月，JT-60SA 开始运行，在经历了超导线圈体和电路的连接处发生绝缘损坏而停运后，于 2023 年 5 月再次恢复运行。通过只使用氘开展等离子体控制实验从而简化系统，当前目标在于使用氘，维持 100 s 左右的等离子态，显著高于电流扩散与粒子输运的时间尺度。该装置还将探索在等离子体压强超过稳定极限，以及没有壁稳定条件下，实现完全非感应稳态运行。

JT-60SA 是横截面尺寸仅次于 ITER 的托卡马克实验装置。如图 5-9 所示。

图 5-9 JT-60SA 现场图

JT-60SA 的主要技术参数如表 5-8 所示。

表 5-8 JT-60SA 装置主要参数

指标名称	参数
状态	在运
等离子体大半径 R/m	2. 96
等离子体小半径 a/m	1. 18

续表

指标名称	参数
等离子体电流 I_p/MA	5.5
环向磁场强度 B_0/T	2.25
拥有者	公有

（九）KSTAR

KSTAR 是由韩国聚变能源研究所负责研发的托卡马克实验装置。KSTAR 项目以全超导磁体为研究对象，研究以 ITER 为主导的聚变反应堆运行技术，同时为商用聚变核电厂进行预研。KSTAR 项目于 1995 年开始建设，2007 年完成，2008 年开始运行。设备耗资约 4 亿美元，研究团队规模约为 300 人。

KSTAR 项目通过在比世界上任何其他反应堆更高的温度和更长的时间内限制和维持氢等离子体，创造了多项世界纪录。2018 年，KSTAR 首次成功将等离子体保持在 1 亿摄氏度下 1.5 s。2020 年 11 月，韩国聚变能源研究所宣布成功将 KSTAR 的超高温等离子体在 1 亿摄氏度的温度下保持 20 s。2022 年 9 月，KSTAR 则成功在超过 1 亿摄氏度的温度下保持核聚变反应持续 30 s。

KSTAR 的主要技术参数如表 5-9 所示。

表 5-9　KSTAR 装置主要参数

指标名称	参数
状态	在运
等离子体大半径 R/m	1.8
等离子体小半径 a/m	0.5
等离子体电流 I_p/MA	2
环向磁场强度 B_0/T	3.5

（十）ASDEX Upgrade

ASDEX Upgrade 由德国马克斯·普朗克等离子体物理研究所设计建造，为 ITER 和 DEMO 提供物理基础。如表 5-10 所示。

表 5-10　ASDEX Upgrade 装置的主要参数

指标名称	参数
大半径/m	1. 65
小半径/m	0. 5
等离子体电流/MA	1. 4
环向磁场/T	3. 2
脉冲长度/s	10

1991 年 3 月 21 日实现首次等离子体；1992 年 6 月实现 H 模；2007 年第一壁全部更换为钨壁，是世界上第一个开展全钨壁实验的装置。2014 年下部偏滤器区域的镀钨碳瓦更换为实心钨瓦。2022 年 ASDEX Upgrade 在完成最后一次实验活动后开始为期两年的装置改造活动。2023 年，ASDEX Upgrade 将对上偏滤器进行重大升级。

（十一）T-15MD

俄罗斯库尔恰托夫研究所的一个团队建造了世界上第一个托卡马克。T-15MD 是 1988—1995 年期间在俄罗斯联邦库尔恰托夫研究所运行的 T-15 托卡马克的升级版。T-15MD 于 2011 年开始建造，2020 年完工。T-15MD 的独特之处在于其大功率和紧凑尺寸的完美结合。通过中性束注入、电子回旋共振加热（6 个陀螺仪）、离子回旋共振加热（3 个天线）以及低杂波加热和电流驱动等功能，该装置将成为不同辅助加热方案及聚变材料研究试验台。如表 5-11，图 5-10 所示。

表 5-11　T-15MD 装置的主要参数

指标名称	参数
大半径/m	2.43
小半径/m	0.42
等离子体电流/MA	1
环向磁场/T	3.5
脉冲长度/s	30

图 5-10　T-15MD 装置现场图

二、仿星器实验装置

仿星器是一种环形磁约束聚变装置。如图 5-11 所示，它通过复杂的三维线圈产生扭曲的三维磁场结构对等离子体进行约束，其等离子体电流可以很小。托卡马克的环形螺旋磁笼产生需要等离子体电流，而仿星器不需要，直接通过外部线圈产生扭曲的环形磁笼。目前仿星器的参数是磁约束聚变中仅次于托卡马克的，已经可接近托卡马克的值。通过优化，仿星器可达到氘氚聚变条件，如图 5-11 所示。

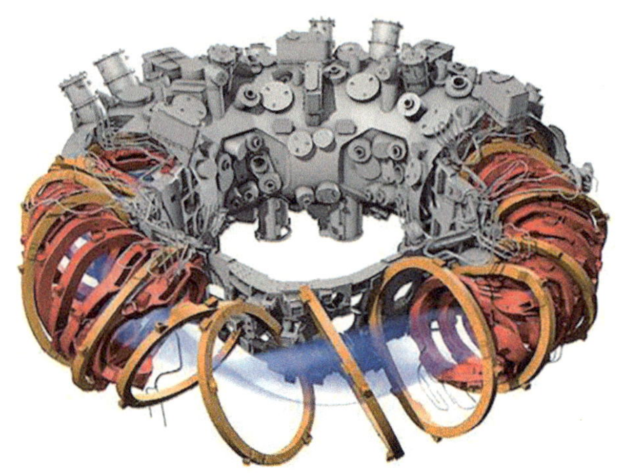

图 5-11　仿星器装置原理图

仿星器的主要优点有：1）能够稳态运行，不存在产生等离子体电流的困难；2）仿星器无等离子体电流，因此增加了 MHD 稳定性，增加了使用寿命，还降低了对等离子体密度的限制；3）仿星器磁面具有刚性，再增加一个垂直场后产生平均磁阱，而托卡马克无此性质，因此可以达到高于托卡马克的比压值；4）在能量限制缩放方面，同位素效应不会出现在仿星器中；5）随机磁边界有利于偏滤器中的杂质保留；6）一些漂移波模式在仿星器中更稳定；7）唯一点燃后不需外界能量的聚变装置；8）相对较大的纵横比减轻了对设计的要求。

仿星器主要缺点有：1）传统仿星器磁场的波纹度比托卡马克大，导致其新经典输运水平和高能粒子损失水平高于托卡马克；2）磁场三维对精度要求非常高，要做到 5 T 甚至 10 T 以上的强磁场，工程难度极大，成本较高。当前世界上成功建造大型仿星器的国家仅有德国和日本。美国也曾因经费攀升、工程延后等原因，在大型仿星器项目上停滞不前，进展相对缓慢。

（一）CFQS

CFQS 是中国第一台准环对称仿星器，由中国西南交通大学和日本国家核融合科学研究所共同设计和建造。该装置的物理和工程设计结合了当代托卡马克和仿星器的优点，于 2017 年开始建造，目前正处于在建阶段，模块化线圈、真空室等工程设计已初步完成。如图 5-12 所示。

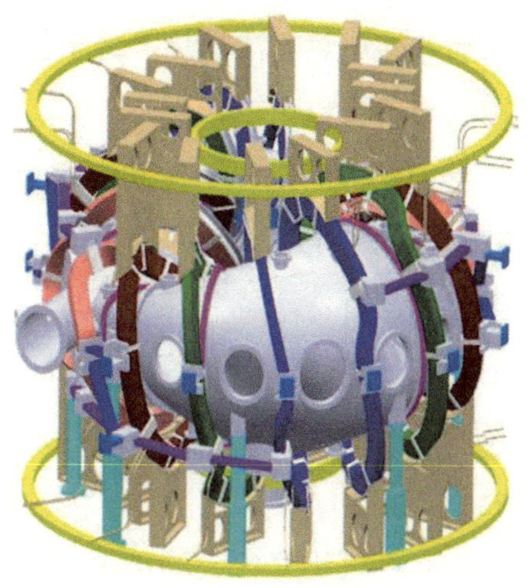

图 5-12　CFQS 装置

CFQS 装置的主要技术参数如表 5-12 所示。

表 5-12　CFQS 装置主要技术参数

指标名称	参数
状态	在建
等离子体大半径 R/m	1
等离子体小半径 a/m	0. 25
环向磁场强度 B_0/T	1
拥有者	公有

（二）Wendelstein 7-X

Wendelstein 7-X 项目由德国马克思 · 普朗克研究所负责研制，是目前世界上最大的仿星器聚变实验装置。它的最终研究目的是通过实现对 1 亿摄氏度高温等离子体长达 30 min 的约束时间来探索仿星器作为聚变电站的可能性。具体来看，Wendelstein 的阶段性研究目标有：

1）通过优化后的磁场研究粒子约束，并在类似聚变堆的条件下研究粒子输运；

2）产生并研究使用高效的加热方法加热等离子体；

3）开发杂质粒子控制与杂质粒子输运；

4）实现 β 值（表征等离子体中是粒子运动占主导还是磁场影响占主导的物理量）在 0.4~0.5 之间，并研究 β 极限；

5）实现长时间或类稳态运行；

6）连续运行条件下补充等离子体（replenishment），粒子约束以及等离子体—第一壁相互作用研究；

7）开展偏滤器研究。

Wendelstein 7-X 于 2014 年组建完成，2015 年实现等离子体运行。2022 年，Wendelstein 7-X 装置的所有面向等离子体部件均换为水冷部件。2023 年，Wendelstein 7-X 实现重要突破，达到 1.3 GJ 的能量转换（energy turnover），并实现热等离子体放电达到 8 min，创造了新的记录。

Wendelstein 7-X 装置的主要技术参数如表 5-13 所示。

表 5-13　Weldelstein 7-X 装置主要技术参数

指标名称	参数
状态	运行
等离子体大半径 R/m	5.5
等离子体小半径 a/m	0.53
环向磁场强度 B_0/T	3
拥有者	公有

（三）LHD

LHD（The Large Helical Device）项目是日本国立聚变科学研究所负责

研发的聚变装置，是世界上最大的仿星器实验装置之一。LHD 装置的主要用途为 heliotron 模式磁场约束下的高温、高能量密度的等离子体研究。

LHD 于 1988 年投入运行，具有极高的稳态运行性能。LHD 装置的主体使用超导线圈，实现 heliotron 模式磁场。这种磁场下，仅需一对螺旋状的外部线圈即可实现对等离子体的磁约束。如图 5-13、图 5-14 所示。

图 5-13　LHD 装置实拍图

图 5-14　LHD 装置原理示意图

2020 年，LHD 通过氘等离子体实验，成功产生了在电子和离子温度下都达到 1 亿摄氏度的等离子体，同时建立了一种产生达到 1 亿摄氏度的等离子体的方法。等离子体湍流（turbulance）和不稳定性的物理实验为开发控制未来聚变等离子体湍流和不稳定性的方法提供了重要的见解。LHD 近十年的研究进展如图 5-15 所示。

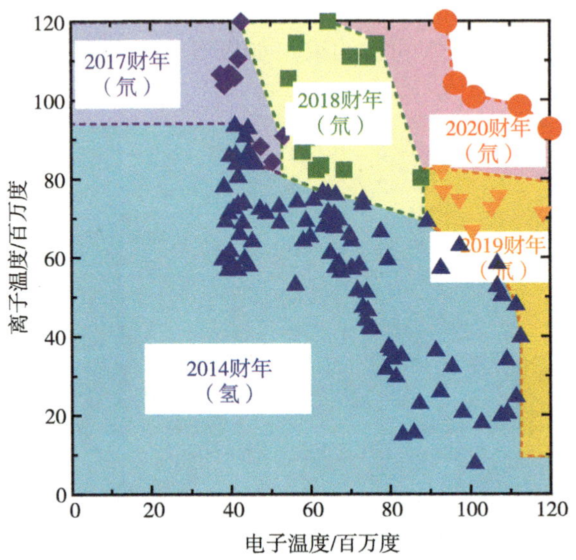

图 5-15　LHD 装置近年实验取得结果

LHD 装置的主要技术参数如表 5-14 所示。

表 5-14　LHD 装置主要技术参数

指标名称	参数
状态	运行
等离子体大半径 R/m	3. 9
等离子体小半径 a/m	0. 65
环向磁场强度 B_0/T	4
拥有者	公有

（四）HSX

HSX 项目（The Helically Symmetric eXperiment）是由美国威斯康星大

学——麦迪逊分校负责研制的仿星器实验装置。HSX 的主要用途为类螺旋对称磁场下的等离子体输运、湍流以及约束研究，并通过以上方法为聚变核电站的物理研究提供支撑。HSX 装置的示意图如图 5-16 所示。

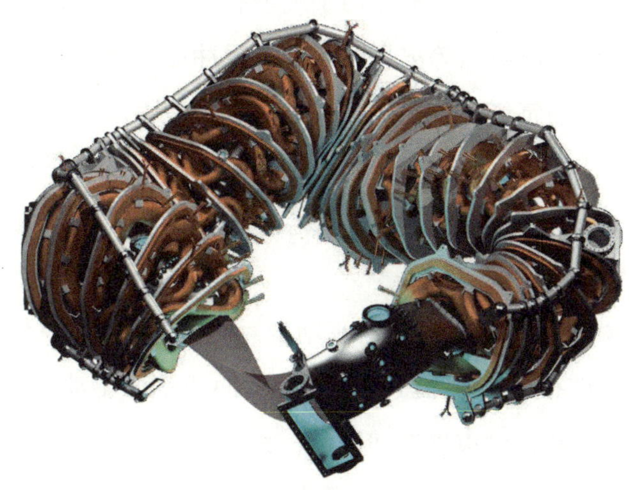

图 5-16 HSX 装置概念图

HSX 于 1999 年投入运行，是世界上唯一一个使用类螺旋对称磁场的聚变装置。类螺旋对称磁场通过 48 组主要电磁铁线圈以及 12 个辅助线圈实现，具有良好的等离子体约束性能。

HSX 的主要技术参数如表 5-15 所示。

表 5-15 HSX 装置主要技术参数

指标名称	参数
状态	运行
等离子体大半径 R/m	1.2
等离子体小半径 a/m	0.15
环向磁场强度 B_0/T	1.25
拥有者	公有

三、惯性约束/激光聚变实验装置

惯性约束聚变的科学思想是利用强激光或高能离子束等作为驱动源，脉冲式地提供高强度能量，均匀地作用于装填有氘和氚聚变燃料的微型球状靶丸外壳表面，形成高温高压等离子体，利用反冲压力使靶丸的外壳极快地向心运动，即内爆压缩氘氚燃料层到极高密度，并使得局部氘氚区域形成高温高密度的热斑，达到点火条件，驱动脉冲宽度为纳秒级，在高温高密度核燃料还来不及飞散之前进行充分的热核反应（热核燃烧），放出大量的聚变能。

惯性约束聚变的关键技术包括驱动源、内爆物理、靶材料及制靶工艺等。根据驱动源的不同可分为激光驱动、脉冲功率源驱动惯性约束的范畴。脉冲功率源驱动的惯性约束聚变实际是一种自箍缩驱动的聚变反应，俗称 Z 箍缩（Z-pinch）聚变。但目前位置激光和 Z 箍缩聚变都未能实现单点火，仍然需要大量的实验探索。同时，这样的单发点火存在时间极短，获得的聚变能量不大，因此还需要高重复频率打靶才能获得具有实际应用价值的聚变能源，对脉冲功率技术、靶位精准聚焦、等离子体物理、换料和能量提取等方面提出了苛刻要求。

（一）NIF

国家点火装置 NIF（National Ignition Facility，NIF）由美国劳伦斯利弗莫尔国家实验室负责研制，是全球最大的激光间接驱动聚变实验装置，主要开展核武器研究和探索聚变点火。美国签署全面禁止核试验条约后，在核武器研究的强烈需求下，于 1993 年启动了国家点火装置的建设计划。NIF 建设的初衷，一方面是为核武器研究服务，另一方面是追求实现实验室聚变点火。

NIF 有 192 路激光，原计划三倍频激光输出能量 1.8 MJ。反应室呈胶囊形，内表面镀金，经入射激光照射产生 X 光，X 光对反应室中的氘氚燃料靶丸进行加热加压，使其内爆发生核聚变。激光间接驱动聚变方案的优势是相对易于实现对称压缩，缺点是燃料靶丸吸收激光能量的效率较低。美持续探索提升 NIF 内爆压缩能量和对称性的措施，如提高激光能量、改进反应室和靶丸设计、升级反应室支承方式等。在聚变靶设计方面，采用间接驱动、中心点火的技术路线。

NIF 于 2010 年研制成功。激光器实现的指标优于世界指标，192 路光束，输出基频光能量约 4.3 MJ，3 倍频激光能量大于 1.8 MJ。

2022 年 12 月 13 日，美国能源部宣布，NIF 首次实现聚变点火，反应产生的能量大于促使反应产生的能量。在 12 月 5 日的一次实验中，研究人员向目标输入了 2.05 MJ 的能量，产生了 3.15 MJ 的聚变能量输出，首次实现了净能量增益。2023 年 8 月，NIF 再次完成核聚变点火实验，并再度实现净能量增益突破，该进展具有里程碑意义。

（二）Z 箍缩惯性约束深度次临界装置

Z 箍缩驱动聚变–裂变混合深度次临界能源堆（Z-FFR）是聚变–裂变混合堆发展的新思路之一，以预期可实现的聚变功率为基础，借鉴了成熟的裂变技术。聚变–裂变混合堆将聚变和裂变结合起来，利用聚变堆芯内氘氚聚变反应产生大量的高能中子，驱动以天然铀为裂变燃料的次临界包层，将聚变能量再放大 10 倍左右。理论上，聚变–裂变混合堆既可以降低对聚变技术的要求，又可以避免目前裂变技术面临的安全、核燃料循环等方面的问题，具有聚变功率、燃料可持续、安全性好和防核扩散等优点。

2000 年以来，一直开展 Z 箍缩驱动聚变–裂变混合深度次临界堆的研制。面向国家能源重大需求，分两步实现 Z 箍缩深度次临界能源堆能源目标：第一步是建成电磁驱动聚变大科学装置，验证聚变能科学可行性。第二步是建成 Z-FFR 工程示范堆。据相关专家称，驱动器将于 2025 年建成，聚变–裂变深度次临界混合堆将于 2028 年建成，预计 2035 年实现商业发电。

第四节　工程化问题

一、等离子体尚难实现稳态自持燃烧

目前人类对等离子体特性的某些方面知之甚少，这使优化等离子体约束并可靠驱动聚变能生产变得困难。例如，湍流高度复杂，使用目前的方法无法全面预测燃烧等离子体在湍流区的移动方式。等离子体湍流是一个多维问题，涉及大量粒子的位置和速度。最近十年，计算机能力变得更强大，提高了模拟准确性，允许科学家调整等离子体约束来补偿湍流。然而，这些模型缺乏充分验证其性能所需的实验数据，因此它们还不足以准确地预测湍流将如何影响等离子体的特性和性能。此外，自热或“燃烧”等离子体可能表现出未知的特性。到目前为止，几乎所有等离子体研究都基于外源加热的等离子体。目前，仅美国 NIF 装置创造出了燃烧等离子体。因此，目前对燃烧等离子体的大多数科学理解大多来自模拟，聚变能装置中的燃烧等离子体可能会有不同的性能。例如，它们可能会产生更大的电磁不稳定性，导致系统部件出现热负荷和其他应力突增情况，进而引发设备故障。科学家需要实验数据来进一步研究燃烧等离子体的特性，以推进聚变能系统设计。

二、现有工业化材料尚难耐受长时间聚变工况

聚变能系统（特别是第一壁和偏滤器等直接暴露于等离子体的部件）将需要长时间承受极端的物理条件。在商用聚变能发电厂中，相关设备需要持续运行数月或更长时间，以避免频繁维修或更换部件。然而，当受到聚变等离子体产生的应力时，目前可用材料会很快降解或失效，无法满足商业应用需求。没有材料的进步，就不可能实现聚变能的商业应用。

要发生聚变反应，等离子体的温度必须达到 1.5 亿摄氏度，该温度约是太阳温度的 10 倍。然后，等离子体会将热量传递到面朝等离子体的聚变装置部件。增殖包层是一个关键部件，其被等离子体环绕，必须在传导热量的同时产生更多的氚（满足聚变反应的燃料需求），并保护其他设备部件免受辐射。

在磁约束装置中，包括托卡马克装置和仿星器，另一个关键部件是偏滤器，它可以从等离子体中去除热量和杂质。在像 ITER 这样的托卡马克装置中，偏滤器可能会经历极高的热爆发，从而产生显著的热应力，甚至导致耐热材料失效。

利用模拟和实验数据，研究人员已经开发出避免这种爆发的方法，但这些方法仍待全面测试验证。另一个会导致材料性能下降的因素是聚变产生的氦离子的轰击。这些粒子可以嵌入材料内部，从而改变材料的机械性能。例如，氦离子损伤导致钨变脆，钨是聚变装置中面向等离子体部件的重要候选材料。

高能量聚变中子的辐照。聚变中子的辐照损伤可以对部件造成多种类型的损坏：中子可以降低材料的机械性能和热性能，并改变其物理性能，还可以通过辐射俘获反应将部分部件活化，使其具有放射性。此外，破坏性氦离子更容易积聚在受过中子照射的部件中。中子影响无法完全克服，但可以通过使用特殊材料来减少，这些材料可以抵抗中子损伤，并可以转化为寿命较短的或非放射性的同位素。

一些材料可以承受高温、高中子注量率或离子损伤，但没有一种现有材料能够同时满足商业上可行的聚变能系统所需的这 3 种应力水平和持续时间。在很大程度上，由于缺乏耐用的材料，聚变实验装置不能长时间运行，通常一次运行几秒钟或几分钟。据美国科研机构估计，要想使示范聚变电厂获得成功，其材料（包括将承受最大应力的 PFC 材料）需要在聚变条件下工作约 1 年。因此，如果要提高聚变能的经济性，科学家将需要开发更先进的材料。

聚变材料的开发将很困难，因为截至 2023 年 9 月，还没有任何设施可以在聚变相关条件下对材料进行全面测试。英国卡拉姆科学中心的材料研究设施拥有测试材料抗应力（如聚变引起的应力，包括机械和离子损伤）的设备，但没有任何设施能够产生类似聚变反应的高能中子。欧洲的加速器中子源、聚变材料辐照装置 IFMIF-DONES 已于 2023 年 10 月启动建设，用于开展聚变中子损伤研究。目前，仍然迫切需要更多聚变中子源（FPNS），从而开展聚变材料的辐照研究。

三、聚变堆工程系统复杂

主要挑战有：

1）从等离子体中提取聚变副产物。这些副产物会降低聚变效率，但去除这些副产物同样也会降低聚变效率，因为这意味着会去除一些有助于反应的能量。

2）创建易于维护和更换的面向等离子体系统。等离子体系统非常复杂，它们需要同时执行多种功能，包括传导热能，保护电厂内表面免受热量和辐射的影响，以及能够产生更多的氚。同时还需要远程维护系统，因为放射性会使技术人员不能直接接触等离子体系统。这些系统需要足够坚固，以便在不损坏复杂部件的情况下进行维护。还需要端口来访问部件，但这些端口必须放置在不会削弱设备或干扰操作的位置。

3）承受极端高温和低温。聚变能系统的部件需要能够在两种极端温度下运行。例如，ITER 需要用保暖材料和真空来将其超导磁体保暖，并将其冷却到低温，同时使等离子体比太阳更热。实验聚变装置已经成功地在低温下运行了超导磁体，但为大规模聚变能装置设计低温系统仍面临挑战。

第五节　首炉氚来源问题

氘氚聚变是最容易实现的聚变方式。氘和氚都是氢的同位素。天然水中含有约 1/6500 的重水（一个水分子中含有 0.014 8%个氘原子）。海水中的氘可以认为是取之不尽用之不竭的。氚是 β 放射性同位素，半衰期 12.3 年。自然界中氚主要是由宇宙射线中的快中子、质子和氘核与各种分子不断碰撞产生。氚在高空大气中的丰度约 1.6×10^{-14}，在水中的丰度约为 0.567×10^{-18}。氚在自然界的含量极为稀少，不具备利用价值，必须用人工方法生产。

生产氚可利用的主要核反应有下列 5 种：

$$n + {}^{6}Li \rightarrow T + {}^{4}He \tag{5-1}$$

$$n + {}^{7}Li \rightarrow T + {}^{4}He + n' \tag{5-2}$$

$$n + D \rightarrow T + \gamma \tag{5-3}$$

$$D + D \rightarrow p + T \tag{5-4}$$

$$D + {}^{9}_{4}Be \rightarrow 2{}^{4}_{2}He + T \tag{5-5}$$

其中，(5-1)～(5-3) 需要通过中子辐照的方式产生。利用反应堆中的热中子辐照^{6}Li 靶，即通过方式（5-1），是最经济的大量产生氚的办法，也是普遍采用的方法。

一、商用轻水堆产氚

1997 年，美国开始轻水堆产氚辐照实验。2002 年，美国核管理委员会计划利用 Watts Bar 1 商用堆产氚。2003 年，Watts Bar 1（电功率 1123 MW）轻水堆正式开始产氚，每个循环（18 个月）实际辐照约 680 根产氚棒，每根棒产氚约 0.92 g。能源部组织评估，Watts Bar 1 一个循环最多可辐照 2500 根产氚棒，一个厂址（可以有多个反应堆）最多可辐照 5000 根 TPBAR 棒。根据文献调研，一座百万千瓦压水堆产氚能力为 1 kg/a~2 kg/a。

二、重水堆产氚

在商用重水堆中，氚主要是慢化剂/冷却剂中的重水发生 D（n，γ）T 反应实现的。加拿大评估的商用重水堆产氚率约为 0.22 kg/（GWe・a）~0.26 kg/（GWe・a）。加拿大现有 19 个重水堆机组，总装机容量 13.5 GW。加拿大在达灵顿核电厂建有重水除氚工厂，氚最高提取量可达 2.5 kg/a。随着加拿大商用重水堆的老化退役，全球重水堆的氚供应能力大幅下降。如果将商用重水堆改造为发电产氚两用堆，则其产氚能力将大幅提高，但仍低于专用产氚堆，产氚率为 1.3 kg/（GWe・a）~2.6 kg/（GWe・a）。

三、高温气冷堆产氚

日本提出在模块化高温气冷堆（MHTGH）中，用含 Li 材料替换部分 UO_2 陶瓷包覆颗粒，控制反应堆运行温度在合理水平，即可安全产氚。根据模拟结果，热功率为 3 GW 的高温气冷堆年产氚量可达 6 kg~10 kg。但是目前高温堆的功率比较低，产氚能力受到限制。

四、钠冷快堆产氚

美国能源部曾提议使用快中子试验堆进行氚生产，在反射层区域放置 $LiAlO_2$ 靶件。如果要获取更高的氚产量，可在堆芯区域也添加 $LiAlO_2$ 靶件，甚至把 $LiAlO_2$ 靶件替换成 Li_2O 靶件。显然，氚产量越高，Pu 产量就越低。理论估计最大和最佳产氚量分别为 1.8 kg/a 和 0.5 kg/a。

五、小结

可优先考虑通过重水堆生产供应氚；在商业压水堆中布置产氚靶件，以实现大规模产氚，也应是考虑的重要产氚途径。

第六章　中长期发展战略研究

第一节　技术政策研究

核能作为稳定、高效、低碳能源，在保障我国能源安全、助力现代化能源体系建设、推动能源低碳转型等方面发挥着重大的作用。“双碳”目标下，核能发展的外部需求充足，推进落实核能“三步走”战略，是保障核燃料安全有效可持续供应、维持核能大规模可持续发展的有效途径。

从当前工程化进程看，热堆是最成熟、具有显著经济性的堆型，当前及未来较长一段时期，我国应以“华龙一号”“国和一号”系列自主第三代压水堆的核电机型为主，将其作为近中期核电建设的主力机型；快堆是富有潜力、实现工程化的堆型，正向商业化迈进，我国应以MOX-CFR1000、CiFR1000钠冷快堆为大型堆主力，将其作为中长期建设的主力，以快堆核燃料闭式多次循环，实现千年尺度的核能供应；聚变堆作为颠覆性技术，我国应以可控磁约束托卡马克为主流途径，将其作为远期建设的主力堆，以氚自持循环，实现万年尺度的能源供应。

第二节　型号发展建设时序探讨

根据我国能源供需与技术成熟度，在现有铀资源边界条件下，测算边界条件如下：1）每年核准开工1000万kWe左右，持续建设。2）热堆装机容量为120万kWe，百万千瓦级MOX燃料快堆为120万kWe，一体化钠冷堆为120万kWe。3）一体化钠冷快堆示范工程2030年开工建设，2035年建成；2036—2040年，小节奏建设（每年开工建设1或2台）；2041—2050

年，中节奏建设（每年开工建设 4 台）；2051—2060 年，大节奏建设（每年开工建设 6 台）。4）热堆超过 2 亿 kWe 后，仍按小节奏发展。当然，随着铀资源探采工作不断深入，铀资源探明量将会不断增加，当大幅增加后，这一边界条件将不再适用。

测算结果为：2060 年，我国在运核电装机容量 4 亿 kWe，其中：大型压水堆 2.5 亿 kWe，快堆 1.1 亿 kWe，其他堆型 4000 万 kWe。如表 6-1，图 6-1 所示。

表 6-1　热堆、快堆机组的运行装机容量规模

堆型	2025 年	2030 年	2035 年	2040 年	2050 年	2060 年
大型压水堆电功率/MW（台数）	65 059（62）	113 059（100）	149 059（130）	185 059（160）	228 259（194）	252 259（214）
MOX 快堆电功率/MW（台数）	—	1200（1）	3600（3）	7200（6）	7200（6）	7200（6）
一体化快堆电功率/MW（台数）	—	—	1200（1）	8400（7）	44 400（37）	104 400（87）

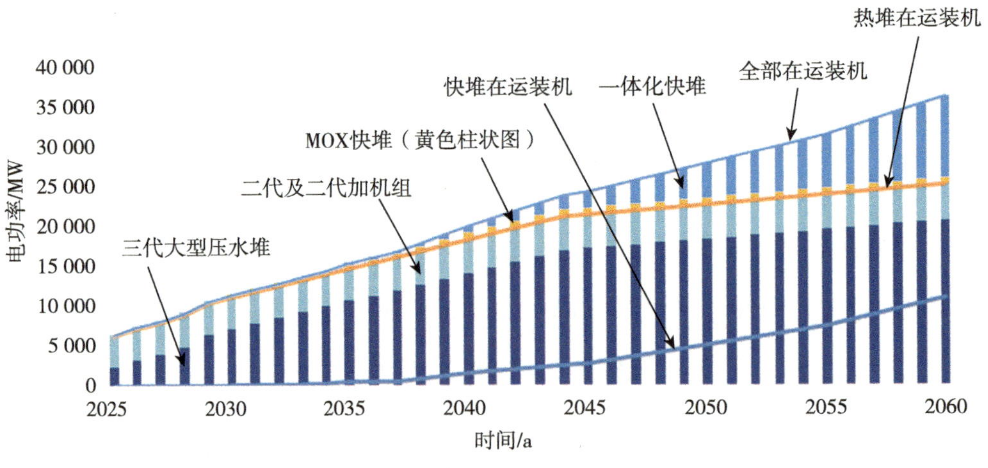

图 6-1　热堆、快堆机组的运行装机规模测算

第三节　深度挖掘热堆潜力

一、商用大型堆

加快“华龙一号”“国和一号”系列核电后续机型关键技术攻关，推进“华龙一号”“国和一号”后续机型示范工程建设，实现第三代核电技术经济性与安全性的平衡创新发展，全面形成压水堆商用核电型谱。通过自动化水平提升、缩短大修工期和机组延寿等手段，持续改进现役核电机组，提高运行经济性。从提高设备可靠性、防人因失误、大修优化和功率提升等方面，持续提升核电机组发电能力。进一步开展核电机组热力性能监测，研究二回路热力性能修复/提升策略及关键技术、蒸汽发生器性能保持、二回路系统热力性能保持（改善与设计值的偏差）、工况寻优，修复或提高整个循环热经济性。加快自主燃料元件考验、安全审评，尽快具备自主燃料大规模工程应用条件。

二、多用途模块化小型堆

加快模块化小型压水堆陆上示范工程建设并投入商运，在全球率先实现陆上小堆工程示范；开展浮动核电站及第一代民用破冰船示范工程建设；加快革新型小型压水堆研发，推动示范工程立项建设；结合石化园区供热、供汽需求，布局建设一批高温气冷堆。加快超高温气冷堆型号研制与核能制氢工艺验证、工程化科研。

三、重水堆

加快重水堆国产化关键技术攻关，加快开展反应堆一回路设计、热工安全分析，开展蒸汽发生器、主泵装换料机、堆芯核测仪表、DCS 等国产化设备研制相关工作。设立国家科技专项，提前部署先进重水堆技术攻关。

第四节　加快快堆核能系统工程化

打通快堆闭式燃料循环全体系流程，突破快堆核能系统安全性、经济性、可持续性和环境友好性等方面的关键技术，推进工程化、商业化。近中期内，应聚焦资源重点研发 MOX 大型快堆、一体化快堆，积极探索铅基快堆工程化。

一、MOX 大型快堆（MOX-CFR1000）

放大设计与工程验证。充分吸取示范快堆设计和建造经验，开展商用快堆工程优化设计与验证，完成快堆关键设备的设计验证试验和关键技术的试验验证，完成百万千瓦级商用 MOX 快堆、总体设计和初步设计，尽早具备开工建造首堆的条件。

建设及推广。进一步增强 MOX-CFR1000 设计建造的工程化能力，有序推进商业化部署，实现和千吨级后处理大厂、一体化快堆发展进度和规模的匹配与衔接。

二、一体化快堆核能系统（CiFR1000）

加快工程科研攻关，打通闭式燃料循环。开展一体化快堆核能系统示范工程科研攻关，在反应堆系统与设备技术、金属燃料技术、干法后处理技术、放射性废物处理技术、安全与防护技术、建造与运维技术和数智化技术等全方面取得突破，打通快堆同厂址闭式燃料循环的全工艺流程，突破先进核能系统安全性、经济性、可持续性和环境友好性方面的关键问题，为一体化快堆核能系统示范工程开工建设提供坚实的技术条件。

推进示范工程设计建造，实现一体化快堆技术工程应用。开展一体化快堆示范工程选址和设计建造，力争2035年建成包含两台百万千瓦级金属燃料快堆、一个产能匹配的燃料再生设施以及辅助配套设施的一体化快堆核能系统示范工程，反应堆电功率为120万kW，采用U-TRU-Zr金属燃料。实现一体化快堆核能系统首堆工程满功率运行，全面掌握一体化快堆核能系统的建造、运行与调试技术，为一体化快堆核能系统商业推广提供条件。要实现这一目标，尽管面临挑战，但为实现2040年以后核电工程核准可持续，仍需以2035年建成首堆来推进工程排布。

三、铅基快堆

研发先进小型模块化铅基快堆技术，以2035年建成300 MWe铅铋快堆示范工程为牵引，占领铅基核能技术全球制高点。突破铅冷快堆核燃料、关键材料、关键设备、关键工艺、能量转换、仪表控制、试验验证和装备制造等关键核心技术，形成一批具有完全自主知识产权的铅冷快堆技术。

第五节 积极开发利用聚变能

以21世纪中期实现聚变能商业应用为目标，建成中国聚变先导工程实验堆及示范堆，解决高聚变增益等离子体稳态自持燃烧、氚自持循环、聚变堆材料和聚变能发电等迈向聚变商用电厂的科学和工程技术问题。

近期（2030年前）目标。托卡马克方面，完成聚变先导工程实验堆芯物理优化及概念设计，通过实施氘氚实验能力提升工程和条保建设项目，实现我国首次氘氚实验；实现与 ITER 等效物理条件下的实验验证。仿星器方面，率先突破高温超导三维线圈技术，成功研制国际上首个高温超导三维线圈原型件。Z 箍缩聚变-裂变混合堆方面，率先验证高增益能量输出。

中期（2040 年前）目标。托卡马克方面，建成聚变先导工程实验堆，验证氚自持技术方案，实现 600 MWe 聚变功率，聚变增益 $Q \geqslant 10$，十万千瓦级电功率并网发电。仿星器方面，率先全面验证先进仿星器作为经济高效稳态聚变途径的科学和技术可行性；通过物理实验证实先进仿星器的高能量粒子约束达到或接近托卡马克水平，聚变三乘积达到 1×10^{20} keV · s · m^{-3}。Z 箍缩聚变-裂变混合堆方面，开始建设发电演示堆。

远期（2055 年前）目标。力争 2050 年左右，建成聚变示范电站，实现百万千瓦级电功率并网发电与稳态运行，具有一定的经济性。力争 2055 年左右建成技术成熟、运行可靠、经济性优、可批量建造的聚变商用堆，实现核聚变能商业化。尽管聚变商业化存在很大不确定性，但仍应保持战略定力，以 2055 年聚变商业化为目标而努力。由于聚变商业化遥远，过多争论聚变商业化时点，现实意义不大。

参考文献

[1] 中国核能行业协会，中核战略规划研究总院有限公司，中智科学技术评价研究中心. 中国核能发展报告（2024）[M]. 北京：社会科学文献出版社，2024.

[2] 柴之芳. 中国核燃料循环技术发展战略报告 [M]. 北京：科学出版社，2018.

[3] 刘永，于鉴夫. 托起明天的太阳：中国环流神器：带你了解核聚变的奥秘 [M]. 北京：科学技术文献出版社，2021.

[4] 核能“三步走”战略研究课题组. 深入实施核能“三步走”战略 推动核工业高质量发展 [J]. 中国核工业，2023，280（12）：11-14.

[5] 宿吉强，王一涵，姜衡. 走·稳热堆——依然是我国核能发展的主力 [J]. 中国核工业，2023，280（12）：15-17.

[6] 李林蔚，姜衡，崔增琪. 走实快堆——维持核能大规模发展的必由之路 [J]. 中国核工业，2023，280（12）：18.

[7] 崔增琪，李林蔚，姜衡. 走好聚变堆——叩响人类清洁能源的圣杯 [J]. 中国核工业，2023，280（12）：19-21.

缩略词

ACP100	玲龙一号
ADS	加速器驱动次临界核能系统
ASTRID	法国先进钠冷技术工业示范堆
AP1000	美国大型压水堆
ATF	事故容错燃料
BA	欧洲合作开展宽广路径
CAP1400	国和一号
CEA	法国原子能委员会
CEFR	中国实验快堆
CiFR	中国一体化快堆核能系统
COP28	第 28 届联合国气候大会
DOE	美国能源部
EAST	先进实验超导托卡马克
EDF	法国电力公司
EPR	欧洲大型压水堆
GE	通用电气公司
FNS	聚变中子源
HPR1000	华龙一号
HTR-PM	高温气冷堆

IAEA	国际原子能机构
IEA	国际能源署
IFR	美国一体化快堆核能系统
ITER	国际热核聚变实验堆
JAEA	日本原子能委员会
LLFP	长寿命裂变产物
MA	次锕系元素
MOX	混合氧化物燃料
MOX-CFR	百万千瓦级 MOX 燃料钠冷快堆
MNUP	铀钚氮化物混合燃料
OECD	经济合作与发展组织
ORNL	美国橡树岭国家实验室
PDPC	俄罗斯中试示范能源综合体
Phenix	凤凰堆
RepU	堆后铀
TRISO	三层各向同性碳包覆燃料
Super-Phenix	法国超凤凰堆
WNA	世界核协会

后 记

核能是国家高科技战略产业，核能“三步走”（热堆—快堆—聚变堆）是我国核能发展的重大部署战略。中核集团高度重视核能“三步走”发展战略研究与落地，2022—2023年连续两年组织开展了《核能“三步走”发展战略研究》重大课题研究。课题回顾了核能“三步走”发展历程与成绩，分析了核能“三步走”各步的定位与关系，提出了新时代我国核能“三步走”战略的发展思路、技术发展路线及实施路径。该课题由王毅韧、邱建刚研究员担任首席专家，白云生研究员担任牵头人，张明研究员担任课题负责人，中核战略规划研究总院有限公司总牵头，中国原子能科学研究院、中国核电工程有限公司、中国核动力研究设计院、核工业西南物理研究院、中核四0四有限公司、中国铀业有限公司、中国核能电力股份有限公司、中核四川环保工程有限责任公司等单位提供支持，50余位核领域知名专家深度参与课题咨询，集体智慧形成了一套颇为丰富、颇具见地的成果。

本书编写组参考了《核能“三步走”发展战略研究》部分成果，立足中国核能未来，分析了全球及中国的核能发展历程与现状，研究了热堆、快堆、聚变堆核能系统发展有关问题，提出了中长期发展战略思考，以为政府决策及核能开发利用从业者提供参考。

编写组水平有限，错误在所难免，敬请读者批评指正。